安徽现代农业职业教育集团
服务“三农”系列丛书

Tezhong Nongchanpin Yingxiao Shiyong Jishu

特种农产品营销实用技术

胡月英　张德化　张国宝　编著

图书在版编目(CIP)数据

特种农产品营销实用技术/胡月英，张德化，张国宝编著.
—合肥：安徽大学出版社，2014.1
(安徽现代农业职业教育集团服务"三农"系列丛书)
ISBN 978-7-5664-0663-7

Ⅰ.①特… Ⅱ.①胡… ②张… ③张… Ⅲ.①农产品—市场营销学 Ⅳ.①F762

中国版本图书馆CIP数据核字(2013)第293684号

特种农产品营销实用技术 胡月英 张德化 张国宝 编著

出版发行：北京师范大学出版集团
安 徽 大 学 出 版 社
(安徽省合肥市肥西路3号 邮编230039)
www.bnupg.com.cn
www.ahupress.com.cn
印 刷：安徽省人民印刷有限公司
经 销：全国新华书店
开 本：148mm×210mm
印 张：5.125
字 数：135千字
版 次：2014年1月第1版
印 次：2014年1月第1次印刷
定 价：12.00元
ISBN 978-7-5664-0663-7

策划编辑：李 梅 武溪溪 装帧设计：李 军
责任编辑：蒋 芳 武溪溪 美术编辑：李 军
责任校对：程中业 责任印制：赵明炎

序

解决“三农”问题，是农业现代化乃至工业化、信息化、城镇化建设中的重大课题。实现农业现代化，核心是加强农业职业教育，培养新型农民。当前，存在着农民“想致富缺技术，想学知识缺门路”的状况。为改变这个状况，现代农业职业教育必然要承载起重大的历史使命，着力加强农业科学技术的传播，努力完成培养农业科技人才这个长期的任务。农业科技图书是农业科技最广博、最直接、最有效的载体和媒介，是当前开展“农家书屋”建设的重要组成部分，是帮助农民致富和学习农业生产、经营、管理知识的有效手段。

安徽现代农业职业教育集团组建于2012年，由本科高校、高职院校、县(区)中等职业学校和农业企业、农业合作社等59家理事单位组成。在理事长单位安徽科技学院的牵头组织下，集团成员牢记使命，充分发掘自身在人才、技术、信息等方面的优势，以市场为导向、以资源为基础、以科技为支撑、以推广技术为手段，组织编写了这套服务“三农”系列丛书，全方位服务安徽“三农”发展。本套丛书是落实安徽现代农业职业教育集团服务“三农”、建设美好乡村的重要实践。丛书的编写更是凝聚了集体智慧和力量。承担丛书编写工作的专家，均来自集团成员单位内教学、科研、技术推广一线，具有丰富的农业科技知识和长期指导农业生产实践的经验。

丛书首批共22册，涵盖了农民群众最关心、最需要、最实用的各类农业科技知识。我们殚精竭虑，以新理念、新技术、新政策、新内容，以及丰富的内容、生动的案例、通俗的语言、新颖的编排，为广大农民奉献了一套易懂好用、图文并茂、特色鲜明的知识丛书。

深信本套丛书必将为普及现代农业科技、指导农民解决实际问题、促进农民持续增收、加快新农村建设步伐发挥重要作用，将是奉献给广大农民的科技大餐和精神盛宴，也是推进安徽省农业全面转型和实现农业现代化的加速器和助推器。

当然，这只是一个开端，探索和努力还将继续。

安徽现代农业职业教育集团

2013年11月

前言

建设社会主义新农村、发展现代农业是我国现代化进程中的重大历史任务，完成这一重任的关键是要培养有文化、懂技术、会经营的新型农民，充分发挥其建设新农村的主体作用。随着农业改革的深入进行和新农村建设的推进，农产品的经营销售活动也成为“三农”问题的重点。目前我国广大农村农产品市场化程度还不高，农产品市场营销还处于起步阶段，农产品“卖难”和“谷贱伤农”现象还时有发生。不断开拓农产品市场、满足国内外市场需求是每一个农业经营者面临的重要课题。广大农民非常有必要学习市场营销知识，运用市场营销理念指导农业产品的开发、生产和销售，实现农业生产模式的转变。

本书立足于我国农业生产和农产品市场实际，以提高特种农产品营销水平和竞争优势为目标，围绕怎样认识特种农产品市场、怎样找到特种农产品市场、怎样经营好特种农产品、怎样进行特种农产品定价、怎样建立畅通的特种农产品销售渠道、怎样促进特种农产品销售等问题展开探讨。本书内容浅显，通俗易懂，适合农村基层干部和农产品营销的相关人员阅读，也可作为相关的培训教材使用。

因撰写时间仓促，书中难免存在不足之处，敬请读者批评指正。

编者

2013年11月

目 录

第一章　怎样认识特种农产品市场 …… 1

一、特种农产品和特种农产品市场 …… 1

二、我国特种农产品市场现状 …… 2

三、了解特种农产品优势 …… 4

四、认识特种农产品市场营销 …… 6

五、特种农产品的消费心理与行为 …… 11

第二章　怎样找到特种农产品市场 …… 15

一、特种农产品市场的细分 …… 15

二、目标市场定位与选择 …… 19

三、特种农产品市场营销调研的类型和方法 …… 22

四、特种农产品市场预测 …… 24

第三章　怎样经营好特种农产品 …… 26

一、特种农产品组合 …… 26

二、特种农产品的生命周期延长方法 …… 26

三、特种农产品的开发与创新 …… 28

四、特种农产品的品牌打造 …… 29

五、特种农产品的包装与销售服务 …… 31

六、如何搞好特种农产品的“绿色化” …… 33

第四章　怎样进行特种农产品定价 …………………… 36

一、特种农产品的成本分析 …………………… 36
二、影响特种农产品的定价因素 …………………… 36
三、定价步骤 …………………… 38
四、特种农产品主要定价方法 …………………… 38
五、特种农产品的定价技巧 …………………… 40

第五章　怎样建立畅通的特种农产品销售渠道 …………………… 44

一、选择销售渠道要考虑的因素 …………………… 44
二、农户直接销售特种农产品应注意的事项 …………………… 45
三、通过特种农产品经纪人销售 …………………… 46
四、如何利用特种农产品农民专业合作社 …………………… 48
五、开发新型特种农产品直销模式与选址要求 …………………… 51

第六章　怎样促进特种农产品销售 …………………… 54

一、特种农产品的促销与促销组合 …………………… 54
二、特种农产品的人员推销技巧 …………………… 55
三、特种农产品的广告技巧 …………………… 58
四、特种农产品的营业推广技巧 …………………… 61
五、特种农产品的公共关系技巧 …………………… 62

第七章　怎样进行特种农产品网上销售 …………………… 64

一、特种农产品为什么要进行网上销售 …………………… 64
二、特种农产品网上销售的准备工作 …………………… 66
三、特种农产品网上销售技巧 …………………… 77

附　录 …………………… 127

一、安徽省主要特种农产品介绍 …………………… 127
二、安徽省的地理标志产品保护列表 …………………… 140
三、安徽省名牌农产品及生产企业名单 …………………… 142

参考文献 …………………… 153

第一章

怎样认识特种农产品市场

一、特种农产品和特种农产品市场

1. 什么是特种农产品

特种农产品是农产品种类中具有特殊用途（特定的消费需求）、特殊产地、特殊种植方式和经过特殊加工的农产品。其中“特种”的含义可概括如下：

①在国民经济以及人类消费中具有特殊用途的农产品。产品品质独特，具有某方面特殊功能，有一定认知度。产业可延伸性强，经济开发价值高，现实市场竞争优势明显或具有潜在市场需求。

②在特殊的自然地理环境条件下才能生长的植物。原产地或区域具备最适宜的自然生态条件，能生产品质优良、风味独特的特色产品。

③种植及加工技术比较特殊的植物。采用特定的栽培管理和加工手段，才能收获优质高产的最终产品。

特种农产品包括植物性产品和动物性产品两大类。特种农产品属于特色农产品，但特色农产品不一定就是特种农产品。

2.什么是特种农产品市场

(1)从市场空间的概念看 市场是商品交换的场所。农民生产出来的农产品要通过销售,才能实现产品价值,消费者要购买农产品满足自己的需求,而这个过程必须要经过市场这个交换场所。随着现代科技发展,市场空间有实体和虚拟两种,例如,网上销售市场就是虚拟市场。

(2)从农户的角度看 市场就是某种或某类农产品的所有现实或潜在购买者的集合。对农产品经营者来说,确定自己产品的市场需求总量、构成、分布、购买力情况,乃至购买者偏好、动机等,对于有效开展市场营销尤为重要。

3.特种农产品市场构成要素

(1)市场的参与者 市场的参与者,也就是特种农产品卖者和买者。市场参与者必须是具有一定行为能力的人或单位,并且具有活动能力,才可以进行市场交换。这是市场的先决条件,包括农户、企业、家庭、政府及其机构等。

(2)交换行为 一般的交换行为有如何选择农产品、何时购买、购买多少、以何种价格购买等。

(3)交换媒介物 交换媒介物就是用于交换的特种农产品,作为市场交换的客体,首要条件就是使用价值,即有用性。

二、我国特种农产品市场现状

1.特种农产品市场供给现状

(1)种类丰富,供给量逐年上升 我国农业气候条件优越,地形多样。我国气候种类多样,有 3 个气候带,区域特色明显,而且高山深谷、丘陵盆地众多,青藏高原 4500 米以上的地区四季常冬,南海诸

岛终年皆夏，云南中部四季如春，其余绝大部分地区四季分明。丰富的气候资源为发展特种农产品提供了绝好的条件。我国物种丰富，传统名优特农产品较多，资源开发潜力大。我国是地球上生物多样性最丰富的国家之一。在探明的物种中，我国有高等植物30000余种，其中特有珍稀物种约17300种，经济树种1000种以上，而且我国自古就重视农业，流传下来很多珍稀名贵物种和特色的种植方法，这都是我们开发特色农产品的优势。我国是水稻的原产地之一，有地方品种约50000个；我国是大豆的故乡，有地方品种约20000个；我国有药用植物11000多种。

(2)特种农产品开发程度不断加深　近年来，随着国家对农村产业结构调整加快，从农业、林业、渔业、畜牧业占农业总产值的比重看，农业比重不断减少，畜牧业、林业所占比重则不断上升。与2002年相比，2007年农业所占比重下降了2.3%，畜牧业、林业则分别上升了2.2%和0.1%。

从行业内部来看，在种植业中，大宗农作物调整力度较大，优质特种农产品发展极为迅速。农业生产更加注重生态产品的开发，全国已初步形成绿色食品、无公害农产品和有机食品“三位一体、整体推进”的安全农产品生产发展格局。

(3)特种农产品出口量不断增加　在国际上，随着中国文化在世界范围的传播和中国风的盛行，外国人也在追捧我国的特色农产品。2010年，安徽省特色农产品展销会就吸引了几十家海外客户前来订货。我国每年出口的特种农产品近千亿元，并且呈逐年递增趋势。

2.特种农产品市场需求现状

特种农产品市场需求不断上升。随着人们收入的增加，对于消费的需求也越加旺盛，单一的模块式生产很难满足所有人的需求。消费观念和方式发生改变，由原来的温饱特色农产品到主要针对人们的特殊需求，现在更加注重健康、养生。“有机、绿色”的理念在国内受到认可,特色农产品也受到追捧,畅销国内外。自2000年以来,我国每年举办特色农产品交易会,在国际市场的影响力逐渐提高。

3.特种农产品市场存在的问题

(1)开发力度不够 虽然特色农产品开发步伐不断加快,但加工企业规模小而分散,缺乏采用最新的先进适用的农业技术成果。在进行研发,加快引进、选育和推广优良品种,加速传统特色名优品种的更新换代等方面尤为不足。此外,市场意识、品牌意识薄弱也制约了特种农产品市场的发展。

(2)难以增加产量 特种农产品大多属于新鲜事物,产品从刚上市到被消费者接受,需要一个过程,前期开拓市场肯定存在较大困难。当产品被市场接受后,最突出的共性问题是产量跟不上。

例如,福建武夷山“大红袍”享誉海内外,它生长在武夷山九龙窠高岩峭壁上,这里日照短,多反射光,昼夜温差大,岩顶终年有细泉浸润流滴。这种特殊的自然环境,造就了大红袍的特异品质。大红袍茶树现有6株,要提高产量,只有扩大种植面积,但扩大种植面积后的产品已经不能再和原来的品种口味相比了。

三、了解特种农产品优势

1.区域优势

农产品生产需要适宜的自然地理条件,即水分、土壤、气温、日照等条件必须符合生产要求。各种农产品生产受自然地理条件的影响,主要表现为生产品种、产品质量和规格上的差异性,在不同区域即使相同品种的农产品,其生长也会表现出品质和产量方面的差异。

(1)不可复制性 特殊的地理生长环境,也为保护本地特种农产品产业发展提供了基础,增强产品自身的竞争力。例如枸杞产品,多数消费者只认可宁夏地区的枸杞产品。

(2)品牌的独特性　例如,黄山毛峰茶叶深受消费者好评,其他产区也有类似的毛峰茶叶,但消费者大多认可黄山产业区的品种。这为产品营销奠定了先天优势。

2.品种优势

农产品品种的更新换代和开发,不仅要受农产品生产周期的制约,还要取决于生物工程学的科学研究水平,这就使农产品品种的更新换代和增加比工业产品更难,且时间较长。这种特点使农产品生产在品种上具有了相对稳定性,从而决定农产品的经营品种也具有了相对稳定性。农产品经营品种相对稳定,则需要企业敢于开拓新的经营领域,以满足人们日益增长的消费需求。

3.生产优势

原产地具备最适宜的自然生态条件,能生产出品质优良、风味独特的特色产品。长期以来,当地农民形成独特的种植、管理和加工经验。伴随农业生产科技水平的提高,传统的种植方式和现代科技结合,为特种农产品产业化发展提供基础,为发挥区域种植优势、调整农业产业结构、增加农户收入产生积极效应。

4.特种农产品的一般特性

(1)消费均衡　农产品的生产具有季节性,但消费者和用户对产品的消费都属于常年性的。

(2)供应不均衡　由于农产品生产的季节性,使农产品的供应呈现出不均衡的特性。在收获季节农产品大量上市,而在收获的淡季供应量极少。另外,农产品生产还受到自然条件的极大影响,旱涝灾害时则供应不足且品种单一,风调雨顺时则供应量充足。

(3)鲜活易腐　由于农产品的生物学特性和物理特性,使得大部分农产品都有易腐的特点。在农产品运输、供应、贮藏过程中,要注意洁净卫生、防蛀防潮等，特别是湿度、温度、气体成分的调控。若保护不好，农产品就会质量下降、腐烂变质。

(4)品种多样 由于农产品涉及种类多，包括蔬菜、蛋、瓜果、奶制品、畜禽产品、花卉、水产品等，而每种农产品中又有很多品种，所以特种农产品的品种具有多样性。

(5)产出不稳定 由于农产品的生产受到水、气候、农药、肥力、病虫害等因素影响，因此，农产品的质量和数量具有不稳定性。

四、认识特种农产品市场营销

1.农产品市场营销概念

农产品市场营销是指为了满足消费者需求和愿望，而实现特种农产品潜在交换的一种系列的活动过程。农产品市场营销要求生产者及经营者不但要对人们的消费需求有研究，而且要研究人们对农产品的潜在消费需求，并且要创造出消费者的需求，引导消费方向。

特种农产品市场营销的根本目标是满足需求和欲望，以合理的价格将生产出来的产品通过流通销售给消费者，从而使生产与消费的矛盾得以解决，满足人们生产和生活消费需求。市场营销的核心是交换；市场营销活动的手段是创造产品与价值。

2.特种农产品市场营销的作用

(1)促进农民增收 特种农产品成为商品销售后，可以增加其附加值，使农民的收入增加。

(2)满足消费需求 特种农产品营销沟通了生产地和销售地，使消费者能在适当的地方及时地买到合适的农产品，也使生产地的农民能够及时地将农产品转化为商品。

(3)扩大就业 一部分农民以营销农产品为职业，可以增加非农收入，带动餐饮、运输等行业的发展。

(4)指导农业产业结构调整　市场营销的指导作用,可以带动农民向生产适销对路的产品发展,从而优化农业资源的配置,带动农业产业的结构调整,间接提高农民收入。

3.特种农产品市场营销的特点

(1)以消费需求为出发点　农产品生产经营者要从分析、研究消费者的消费需求出发,来决定自己的经营方向,按照消费者的需求规划产品的生产和销售。只有按照消费者需求生产出来的产品,才能得到消费者的欢迎,才能在市场上顺利地流通,从而保证农产品生产企业与经营者能够收回投资并获取利润。

(2)以满足需要求利润　在市场营销观念支配下,农产品生产企业与经营者在决定生产之前,要先了解这种农产品或相关服务对满足消费者需求的最终效果,然后再根据消费者需求的满足程度,来确定农产品生产企业与经营者的盈利多少。消费者需求被满足的程度越大,农产品生产企业与经营者的盈利就越多;反之,消费者需求被满足的程度越小,农产品生产企业与经营者的利润也就越少。

(3)以营销组合为手段　农产品市场营销强调如何从满足消费者和用户的需求出发,通过整体营销策略,即定价策略、产品策略、促销策略和渠道策略的综合运用,更好地实现农产品生产企业与经营者的经营目标。

(4)树立尊重消费者利益的观念　农产品生产企业与经营者要树立起对消费者利益尊重的观念。这包括两个方面的内容:一是兼顾消费者和用户的个别需求与社会公众的利益,对有可能造成环境污染或资源过度消耗的农产品,加以改进;二是兼顾消费者和用户的长远利益及眼前需要,如对某些农产品长期或过量使用可能带来的副作用加以说明,提醒消费者和用户适度消费。

4.农产品对市场营销的要求

根据农产品的自然属性、经营和产销特点,农产品营销应遵循三项基本原则,即“快”、“活”、“稳”三字诀。

(1)农产品营销要“快” 特种农产品营销要“快”,这是对于农产品的流通时间来说的。一种商品越是容易腐烂、变坏,那么在生产出来时就越要快速出售,快速消费。产品离开产地的距离越短,其空间流通领域就越狭窄,销售市场就越带有地方性质;相反,产品离产地的距离越远,其销售市场就越广阔。

农产品易腐烂变质的这一特性,极大地限制了其自身的流通地域和流通时间,要求在流通过程中滞留的时间越短越好。因此,农产品营销必须要“快”,除了留有必要的储存外,其余的都要尽快卖出,而且是越快越好。因为越快其质量越好,能够以质取胜,卖上好价格,降低流通风险。

要做到“快”,客观上就要求在经营上做到少环节、多渠道。因而,农产品应多采取有利于加速流通的产销直接见面的营销措施和方式,尽可能地就地收购,就地组织生产,就地或就近供应销售,尽可能地多开拓销售渠道,尽可能地减少营销手续和环节。

(2)农产品营销要“活” 农产品营销要“活”是指农产品营销必须根据外部环境因素的变化进行灵活经营。只有“活”,才能适应农产品易腐易变的特性,才能适应农产品的产销变化特点。农产品营销“活”的内容主要包括营销方式、营销策略、营销价格和营销手段等。

①营销方式要“活”。营销方式要“活”是指农产品的营销方式要方便购销,灵活多样,对提高农产品经营的效果和效率要有利。

农业企业的经营方式要遵循“三多一少”的原则,即实行多条流通渠道、多种经济成分、多种经营方式以及减少流通环节。

②营销策略要“活”。农产品营销策略是为了增强竞争力、开拓

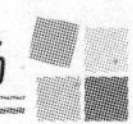

和占有农产品市场而采取的具体战略措施。

讲究优质策略。这是针对农产品市场质量竞争的策略。农产品本身品种繁多、规格复杂，营销过程中还要经过生产、采收、收购、加工、储运等诸多环节，所以，农产品的品质差异很大。要占领市场，赢得顾客，在竞争中取胜，重要的一点就是产品过硬——质量好。

讲究应时策略。这是针对农产品时间竞争的策略，农产品所具有的产销时效性直接影响着出手农产品的质量和价格。因此，农产品营销必须讲究应时策略，要特别重视农产品经营过程中的及时收购和及时上市，只有这样，才能抢到好行情，保证产品质量，提高经营的时间竞争力。

讲究薄利策略。大部分农产品是人们的生活必需品和轻工业不可缺少的原料，消费量大，具有薄利多销的客观条件。因此，农产品营销应当讲究薄利策略，适当采取薄利多销措施。

讲究方便策略。农产品是社会生产的初级产品，大多需要经过一次或者多次加工才能消费。未加工和初加工的农产品常常给消费者带来许多的不便。另外，随着人们生活水平的改善，对农产品加工制成品的需求量越来越大。因此，农产品营销应当讲究方便策略，即按照服务消费者、方便消费的原则，向社会提供更多的便于消费的农产品加工制成品。

③销售价格要“活”。农产品销售价格要“活”指的是农产品的价格要适应市场供求变化，具有灵活性。农产品产销状况随时都可能发生变化，价格作为调节市场供求最重要和最灵敏的杠杆，对调节产销状况具有重要作用。农产品销售价格的灵活性表现为能够灵敏反应市场供求的变化。这就要求农产品营销必须根据农产品市场情况及时调整购销价格，使农产品价格随行就市、反映供求的实际情况。

④营销手段要“活”。营销手段要“活”是指要从不同的角度提高农产品营销手段的科学性及现代化水平。首先，要提高农产品生产经营者与企业的营销艺术。其次，要提高农产品营销人员的技能。

再次，要充分利用各种物质设施。

(3)农产品营销要"稳" 针对农产品的市场供求状况，力争通过农产品营销来保持市场产、供、销关系平衡。由于农产品生产具有周期性和分散性的特点，所以农产品市场对农业生产的影响和指导作用很大。简单来说，上一年的农产品市场供求行情会明显地影响下一年农民制定生产计划。例如，去年秋季大白菜价格高，种白菜的菜农赚了钱，今年农民就可能会增加种植面积，结果当年供过于求，导致价格下跌，农民赔钱。所以，农产品营销在做到"活"和"快"的同时，还必须保持"稳定"，避免大起大落。

5.农产品市场营销存在的主要问题

(1)农民的市场营销意识淡薄 一方面，我国农产品生产者主体的自身素质不高；另一方面，长期以来农产品一直是计划经济产品，使得生产者只根据自身的要求和条件来决定生产什么和生产多少，而不用去关心市场到底需要什么。

(2)缺乏准确的产品定位和有效的市场细分 现在，农产品市场的产品大多为同质产品，多数农产品生产者没有对市场进行准确的市场定位和细分，而是盲目地跟风，什么赚钱生产什么，而一旦生产出来，其产品却难以被市场消化。

(3)不能准确地获得市场信息 现在，我国农村现有的信息工作还非常薄弱，交通通讯落后，基础设施较差，农民很难准确及时地得到可靠的信息。同时，农民自我保护意识和自身素质比较差，面对各种信息不知如何分析、鉴别、判断，只能凭主观判断，而且往往获得的是虚假的或过时的信息，根本不能利用。

(4)市场营销策略运用不充分

①农产品质量不高。由于农民在养殖、种植、加工等方面没有科学指导，很容易造成农产品质量不高、科技含量低下等问题。

②产品结构不合理。低档产品多，常见产品多，原料型产品多，

普通产品多;高档产品少,优质产品少,深加工品种少,专用品种少。

③产品包装不受重视。农产品生产者很少注重产品的包装,大多数的农产品都是几十千克或上百千克放在一起,用塑料袋和麻袋包装。

④品牌意识淡薄。农产品的生产者大多是农民,由于传统农业生产方式的惯性,基本上没有品牌意识,绝大多数农产品也都是没有品牌的。

⑤价格上没有细分。许多农产品等级没有确切的划分,好坏一个价。对农产品定价缺乏市场分析和调研,经常是以个人的主观意识来制定产品的价格,用主观定价代替市场定价。

⑥市场宣传力度不够。农产品生产者基本上不为产品做宣传,不重视产品促销。现在,我国许多农产品经营者仍遵循着"好酒不怕巷子深"的旧观念,固守市场。

⑦重产品,轻流通。导致农产品流通滞后于生产,农产品生产者与购买者之间没有一个有效的沟通环节,产品流通渠道不畅。

五、特种农产品的消费心理与行为

1.消费者购买心理过程

用户和消费者从对某种商品的需要出发,到引起购买行为,要经过复杂的心理活动过程。这一过程表现为:

(1)对商品的感知过程　商品的形状、色彩、气味等刺激消费者的感官,使其感觉商品的属性。然后,消费者对感觉到的各种信息进行分析、综合,把商品的各种属性有机联系起来,形成对这一商品的直觉过程。

(2)对商品的思维过程　在对商品产生的感性认识的基础上,消费者根据自身的知识、经验等,对商品作进一步的认识,并作出分析、判断和概括。由此,对商品的认识由感性阶段上升到理性阶段,对商品有了深入的、全面的、较为本质的认识和理解。

(3)对商品的情绪过程 对于任何商品，用户和消费者都会表示出喜欢或不喜欢的最初印象或情感，这是购买心理活动的一个重要方面。最初印象对购买行为是否发生，有着重要的影响，如果用户和消费者对某一商品的最初印象很好，就有可能引起强烈的购买欲望；反之，就不会产生购买欲望。

2.农产品购买动机

动机是由需要产生的，人的需要是多种多样的，动机也多种多样。用户和消费者消费的购买动机大体分为以下几种：

(1)以实用和得到心理满足为目的的动机 前者是为了得到商品的使用价值，后者是为了占有和使用商品获得某种心理满足，如人们购买奢侈品。

(2)感情动机、理智动机和信任动机 感情动机是由喜欢、好奇、快乐、道德感、集体感等情绪引发的动机。理智动机是用户和消费者经过对不同商品满足需要的效果及价格进行认真思考后产生的动机。信任动机是用户和消费者对特定的商品、品牌等产生信任或偏好引起的重复购买动机。

(3)初始动机、挑选动机和惠顾动机 初始动机所引起的购买行为，一般是由内部或外部某种刺激因素所诱发的。挑选动机所引起的购买行为，主要受产品、价格或促销策略的影响。惠顾动机所引起的购买行为，主要受商店位置、店容店貌、商品组合的深度和广度、服务态度等影响。

3.影响消费者购买行为的因素

消费者在购买商品时，要受到很多因素的影响，一般有以下 4 个因素。

(1)文化因素 文化是人类欲望和行为的最基本的决定因素，决

定人们的需求偏好。在特定的文化环境中成长起来的消费者，形成特定的生活方式、行为准则和价值观，从而也就形成特定的需求。

(2)社会因素　每一个消费者都是社会的一员，家庭、社会角色与地位等一系列因素的影响，使消费者产生不同的购买行为。

(3)个人因素　消费者购买决策也受其个人特性的影响，特别是受消费者年龄、职业、经济状况、生活方式、个性以及自我观念的影响。

(4)心理因素　消费者的购买行为还要受到购买动机、信念、态度等心理因素的影响。

4.农产品消费者购买行为特征

(1)食品质量安全逐渐成为人们关注的焦点　随着国民收入水平的提高和消费观念的转变，无公害食品、绿色食品和有机食品等安全的农产品越来越受到青睐。从国际市场看，国外消费者都因关心环境问题而购买有机食品，国内对安全农产品的认知意识也逐步得到提升，这给安全而有特色的特种农产品生产和开发带来巨大的市场潜力。

(2)购买场所主要以超市和农贸市场为主　地点的选择在一定程度上反映消费者对农产品的安全性和鲜活性的要求。超市和农贸市场竞争已日趋白热化。

(3)消费者购买行为更加理性和具有选择性　随着社会整体文化水平的提高，消费者的文化素质不断得到提升，对产品选择更加追求个性和营养。高知识水平和高收入群体家庭在肉禽、水产和奶制品的人均消费量远远高于其他群体。

5.农产品消费者购买行为一般过程

(1)确认需求　来自内部和外部的刺激都可能引起需要和诱发购买动机。农产品经营者应及时了解消费者产生哪些需要，他们是由什么原因引起的，程度如何，怎样才能把它们引导到特定商品上，从而转化为购买动机。

(2)收集信息 消费者形成购买动机后，必然会注意收集与商品有关的各种信息。消费者收集信息来源主要有以下途径：

①个人来源。家庭成员、亲戚、朋友、邻居、同事和其他。

②商业来源。商品说明书、网络、广告宣传、经销商、推销员和展销会等。

③公共来源。各种传播媒体、行业协会、消费者协会等。

④经验来源。来自自己已有的产品和消费体验。

(3)比较评价 通常消费者会从将要购买的产品中对厂家、品牌、类别进行评价后，再取舍。企业要设法吸引用户和消费者对自己产品的关注和注意。

(4)决定购买 经过评价，对某一具体品牌产品形成购买意向。

(5)购后感受 用户和消费者对所购商品是否满意，会直接影响其购买后的行为。企业应尽可能采取有效措施，使用户和消费者购买后感到满意，强化售后服务，提升产品的口碑和社会美誉度。

第二章

怎样找到特种农产品市场

一、特种农产品市场的细分

1.特种农产品市场细分的含义

市场细分，就是根据总体市场中不同的消费者在需求特点、购买行为和购买习惯等方面的差别，然后将需求相同的归为一类，从而把一个整体农产品市场划分为若干子市场的过程。

北方一些农民把鸡蛋的蛋黄和蛋清分开卖，拆零拆出了大市场。爱吃蛋黄的消费者买蛋黄，爱吃蛋清的消费者买蛋清，各有所爱，各取所需。消费者得到了实惠，卖方也赚到了以前赚不到的钱。市场细分过程，实际上就是识别具有不同欲望和需求的消费者群，并按一定的标准加以区别的过程。

2.特种农产品市场细分的经济意义

企业在市场营销中进行农产品市场细分，便于使营销者取得更好的营销效果和满足更多的消费者的需求。

农产品市场细分有利于农产品营销企业（特别是小企业）发现更好的市场机会，制定最佳营销策略，提高市场占有率。通过农产品市场细分，农产品营销企业可以了解各个不同的农产品购买者群的需求状况和满足程度，从而发现那些没有得到满足的市场。经过细分的市场要比大众的市场简单得多，相对来说也便于企业及时地了解和认识当前市场的竞争形势和购买量。市场细分对小企业特别重要，因为小企业一般资金薄弱，在市场上很难与大公司抗衡，但小企业通过市场细分，就可以发现某些未被满足的需求，找到自己力所能及的市场机会，拾遗补缺，使自己在竞争中得以生存发展。

通过市场细分，可以真正实现生产的目的性，促进市场农产品商品供求平衡。在现代商品经济发展的条件下，生产者的利益与消费者的利益是紧紧连在一起的，生产者应站在消费者的角度来研究供求问题。企业要想实现自身的利益，它所提供的必须是消费者所喜爱、所需要的商品。在市场细分理论指导下，企业才能真正实现消费为生产的目的。

市场细分有利于农产品营销企业制定调整营销方案，提高企业应变能力。在农产品市场细分的基础上，只有对不同需求的消费者进行分类，企业才能掌握消费需求，进而针对各细分市场的特点，确定不同的经营方案与策略。同时，通过对市场细分，可使企业服务目标具体、明确、集中，亦可使市场信息较快地反馈给企业，进而不断调整细分标准与经营方案。在这种信息不断反馈、持续进行市场细分的循环变化中，才能使企业在多变的市场需求中不断加强应变能力。

农产品市场细分有利于提高企业竞争能力，开拓新的市场，满足潜在需求。市场细分后，每一个细分市场上竞争者的优势与弱点就明显地暴露出来。企业只要看准时机，利用竞争者的弱点，有效地利用本企业的资源，推出适合消费者需要的产品，就能不断提高市场占有率，增强竞争能力。

3.特种农产品市场细分原则

农产品生产经营者与企业可以根据多个因素或单一因素，对农产品市场进行细分。选用大的细分标准越多，相应的子市场就越多，

每一个子市场的容量相应就会小一些。所以，寻找合适的细分标准对农产品市场进行有效细分，在营销实践中并不是容易的事，一般应遵循以下几个基本原则。

（1）可衡量性 可衡量性是指在细分市场过程中选择细分的标准必须具有可衡量性，能够进行比较，使细分后的各细分市场有明显的区别。具体到一个细分市场内的消费者，则应表现出类似的市场行为，并且有可能取得表明购买者特性的具体资料。

（2）可进入性 可进入性指细分出的农产品市场应是营销活动能够抵达的，即通过努力能够使产品进入并对消费者施加影响的市场。一方面，有关产品的信息能够通过一定的媒体顺利传递给该市场的大多数客户；另一方面，在一定时期内有可能将农产品通过一定的分销渠道运送到该市场。

（3）有效性 细分市场的有效性是对市场细分范围的合理性而言的，一个细分市场应是适合设计一套独立营销计划的最小单位，它的范围必须是以满足能使企业顺利实现市场营销为目标，并具有可拓展的潜力，以保证按计划获得理想的经济效益和社会服务效果。即细分市场的规模必须使企业具有一定盈利。某一细分市场是否能实现其经济效益目标，取决于该市场的消费者人数、购买力和市场的销售量。如果细分市场狭小或消费者购买力低，则会造成企业亏损，就没有将其细分的必要。另外，细分市场必须具有一定的发展潜力，即除有较多的现实需求之外还要有潜在的需求，有长期的销售潜力和盈利的可能性。

（4）稳定性 细分市场必须在一定的时间内保持相对的稳定。消费者对某类商品的需求能够维持比较长的时间，才能值得企业为开发而进行投资，并制定较长期的营销战略，有效地开拓目标市场，获得预期利润。如果市场变动过快，则企业很难在短期内收回投资，其经营风险也会随之增大。

4.特种农产品市场细分程序

市场细分除遵循一定的标准和原则外，一般程序包括以下7个步骤。

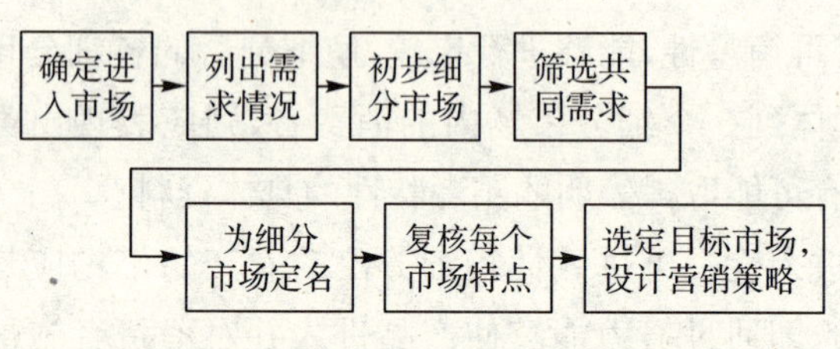

图 2-1　特种农产品市场细分程序

(1)选定产品市场范围　即确定进入什么行业，生产什么产品。农产品市场范围的选定应以顾客的需求而不是以产品本身的特性来确定。例如，选定红薯的销售市场，主要看用户的喜好和需求，用户是要富含淀粉还是要富含糖分或者追求药用保健需求，而不是看生产的红薯品种。按照消费者的喜好和需求，再调整品种来满足用户的需求。只有这样，才有可能拥有这类用户，才能占领这一市场。

(2)列举潜在用户的基本需求　通过调查，了解潜在用户对产品的基本需求。对于农产品来说，这些需求可能包括鲜食用、加工、提取成分等。

(3)了解不同潜在用户的不同需求　对于列举出来的基本需求，不同用户强调的侧重点可能会存在差异。通过差异比较，可以初步识别出不同的用户群体。

(4)剔除潜在用户的共同需求，而以特殊需求作为细分标准　上述所列的共同需求固然重要，但不能作为市场细分的基础，因此应该剔除，留下特殊需求，作为市场细分的标准。

(5)市场划分　根据潜在用户的基本需求差异，将其划分为不同的群体或子市场，并赋予每个子市场一定的名称，据此采用不同的营销策略。

(6)分析原因　进一步分析每一细分市场需求与购买行为特点，并分析其原因，以便在此基础上决定是否可以对其细分出来的市场进行合并，或作进一步细分。

(7)估计每一细分市场的规模　在调查的基础上，估计每一细分市场的用户数量、购买频率，评价每次的购买数量等，并对细分市场上的产品竞争状况及发展趋势作出分析。

5.农产品市场细分的方法

农产品市场受季节和消费者偏好的影响，市场细分的标准是不断变化的，这里介绍常见的几种方法。

(1)单一变量因素法　根据影响用户和消费者需求的某一重要因素进行市场细分。如奶粉，多数产品按年龄细分市场，可分为婴幼儿、青少年、中老年等人群的细分市场。根据不同年龄阶段的营养需求特点，为其提供相应的奶粉。

(2)多个变量因素组合法　根据影响消费者需求的两种或两种以上的因素进行市场细分。如目前茶叶市场中按性别和年龄来细分，分为男性年轻人市场、女性中年人市场等。

(3)系列变量因素法　根据生产者经营上的特点，并按照影响用户和消费者需求的诸因素，由粗到细地进行市场细分。这种方法可使目标市场更加明确和具体，有利于生产者更好地制定相应的市场营销策略。

二、目标市场定位与选择

1.选择目标市场

目标市场是经营者在做市场细分之后，希望开拓和占领的一类用户和消费者，这一类消费者具有大体相近的需求。

通过对具有不同需求的消费者做有针对性的挑选，可以发现那些需求尚未得到满足的消费者，然后再根据自己的生产能力、管理能力、销售能力去开拓和占领。一个理想的目标市场具有3个基本条件：一是要有足够的销售量，即一定要有尚未满足的现实需求和潜在需求；二是经营者必须有能力满足这个市场需求；三是在这个市场中经营者必须要有竞争的优势，经营者有足够的实力击败竞争对手。

2. 市场定位的步骤与策略

确定目标市场又称为"市场定位"。选择目标市场一般包括3个步骤，如图2-2所示。

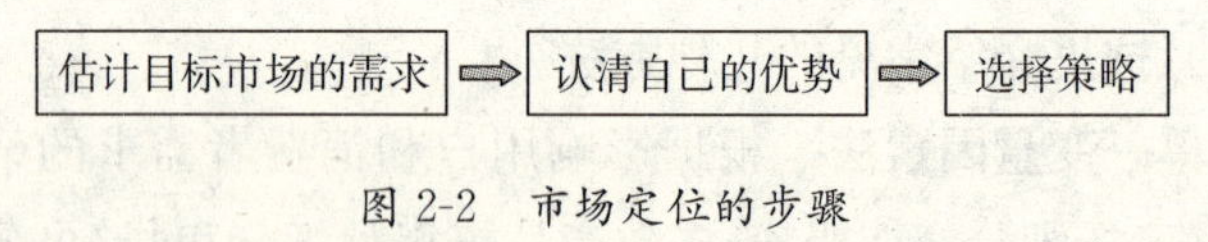

图2-2　市场定位的步骤

(1)估计目标市场的需求　目标市场的需求是指在既定的市场环境中，某一类消费者购买某种产品的总额。这种市场需求数量的变化取决于消费者对某种产品的喜好程度、购买能力和经营者的营销努力程度。估计目标市场需求时既要估计现实的购买数量，也要对潜在增长的购买数量进行估计，从而测算出最大市场需求量。用户要根据所掌握的最大市场需求量来决定是否选择这个市场作为目标市场。

(2)认真分析自己的竞争优势　市场竞争可能有多种情况，如品牌、质量、价格、服务方式、人际关系等诸多方面的竞争，但从总的方面来说，可以分为两种基本类型。

①在同样条件下，比竞争者定价低。

②提供满足消费者特种需求的服务，从而抵消价格高的不利影响。农户在与市场竞争者的比较中，应分析自己的优势与不足，扬长避短，从而超越竞争者，占领目标市场。

(3)选择市场定位的战略　市场定位战略有以下几种。

①"针锋相对式"的定位，即把经营产品定在与竞争者相似的位

置上,同竞争者争夺同一细分市场。例如,有些农户在市场上看到别人经营什么,自己也选择经营什么。实行这种定位战略要求经营者具备资源、产品成本、质量等方面的优势,否则,在竞争上可能失败。

②“填空补缺式”的定位,即农户不去模仿别人的经营方向,而是寻找新的、尚未被别人占领的,但又为消费者所重视的经营项目。例如,有的农户发现肉鸡销售中,大企业占有优势,自己就选择饲养“农家鸡”,并采取活鸡现场屠宰的销售方式,填补大企业不能经营的这一“空白”。

③“另辟蹊径式”的定位,即农产品生产经营者在意识到自己无力与同行业竞争者抗衡时,可根据自己的条件选择相对优势来竞争。例如,有的经营蔬菜农户既缺乏进入超级市场的批量和资金,又缺乏运输能力,就利用区域集市,或与企业事业伙食单位联系,甚至走街串巷,避开大市场竞争,将蔬菜销售给不能经常到市场购买的消费者。

3.选择农产品目标市场须走出误区

(1)目标市场定位不准 农户均将市场容量最大、利润潜量最大的市场作为目标市场。许多农户只盯着市场的需求量和诱人的利润,认为只要市场有需求,重视产品质量,价格合理,加上推销工作,就一定能够扩大销售量,提高市场占有率,从而取得最大的利润。结果,竞争者太多,造成损失。

(2)目光短浅 农户在思想上急功近利,只考虑眼前利益,而看不到长远利益,使经营陷入困境,这种情况下农户最容易把进入的市场作为目标市场。有些农户看到某些农产品畅销,而且投资小,见效快,市场容易进入,便产生了投资冲动。

(3)抵挡不住外围市场一时走俏的诱惑 在自己的有效市场范围内,决不能放弃自己的优势,去追所谓的热。俗话说:“庄稼活,不用学,人家咋做咱咋做。”这是一种盲从思想,很多农民正是在这种习惯思维的引导下急功近利，盲目发展，看到人家赚了钱也挤同一条赚钱道，自觉不自觉地扩大同类农产品的种植面积，结果谁也赚不了钱。

(4)市场把握不足 对细分后的目标市场的变化没有足够的把握。市场细分的各项变量随着社会大环境的变化而不断变化，所以不能用固定不变的观念去看待变化的市场，而应以变应变，做到及时调整。

三、特种农产品市场营销调研的类型和方法

特种农产品市场营销调研是指通过系统地收集、记录与农产品市场营销有关的大量资料，加以科学地分析和研究，从中了解农产品生产经营者及企业产品的目前市场和潜在市场，并对市场供求变化及价格变动趋势进行预测，为企业经营决策提供科学依据，预测的依据是信息，信息的来源靠市场调研。

1.市场营销调研的类型

(1)探测性调研 这是对企业发展方向和规模进行的研究。具体说，就是为了弄清某一问题原因而进行的研究。比如企业产品销售量下降是何种原因造成的？这些因素中哪一个是最主要的？这就要通过探测性研究。即从企业内外搜集一般的信息资料，进行研究分析，寻找问题的根源。

(2)描述性调研 描述性调研就是针对某些问题全面搜集资料，来了解和掌握市场中几个因素的关系。如对市场占有率的研究、消费者行为的研究等问题进行如实地反映和直观地回答。它与探测性信息研究的区别在于：描述性研究的内容是确定的，而探测性研究的内容是不确定的。

(3)因果关系调研 找出各类因素关系存在的原因，专门研究“为什么”的问题，目的是找出问题的原因和结果。比如，为什么消费

者喜欢甲产品而不喜欢乙产品、价格对销售量有何影响等。

(4)预测性调研　农产品市场营销所面临的最大问题就是市场需求的预测问题,这是农产品生产经营者及企业制定市场营销方案和市场营销决策的基础与前提。预测性调研是企业为了推断和测量市场的未来变化而进行的研究,它对农产品生产经营者及企业的生存与发展具有重要的意义。

2.市场营销调研方法

(1)访问法　访问法是用访问的方式搜集市场信息资料的一种方法。它是调查和分析消费者购买行为和意向的最常用的方法,访问的主要内容一般是要求被访问者回答有关具体事实、原因、有何意见等方面的问题。根据调查人员与被调查者的接触方式不同,可分为直接访问和间接访问两种。

一是直接访问,即企业调查人员直接与被调查者面谈讨论。此法的优点是使被调查者了解自己所使用的产品的生产情况,对本企业现有产品和未来发展的产品提出意见及要求,使被调查者关心企业的生产,和企业建立一定的感情。但其缺点是成本高,耗费人力、物力大,所以一般不宜经常采用。

二是间接访问,即利用各种通讯工具或问卷进行间接访问调查。方法有:电话调查,即由调查人员运用电话询问调查对象的意见;邮寄调查,即将设计好的问卷邮寄给被调查者,请调查对象自行填写好并寄回;留卷调查,即调查人员当面将问卷(调查表)交给被调查者,并说明回答的要求、目的和注意问题,然后让调查对象自行填写,调查人员定期取回。

(2)观察法　观察法是由调查人员到调查现场直接进行观察的一种调查方法。其特点是用从旁边观察来代替当面的询问,使被调查者不感到自己是在被调查,从而获得更加客观的第一手资料。观察者可以是市场调查人员,也可以是某种观察工具或仪器设备。

四、特种农产品市场预测

消费者在一定时期内愿意且能够购买商品的数量就是需求。从这个意义上说，市场就是需求，这种需求是顾客有支付能力的需求。

1.影响需求的主要因素

市场需求受到多种因素的影响，如消费者的人数、户数、收入高低、消费习惯、购买动机、商品价格、质量、功能等。其中最主要的因素有以下3个。

(1)人口 人口代表了社会环境的基本特点，每个人都是消费者，而消费者都要消费，人多消费就多。

(2)购买量 购买量指消费者能够购买的商品的数量，也是我们常说的市场容量。某种商品的购买量大，商品销量就大，产品发展前景就好。

(3)购买动机 购买动机是消费者的购买欲望和购买行为，是本质的因素，是市场需求的动力。

因此，市场需求＝人口＋购买力＋购买动机。人口、购买力、购买动机3个因素相互制约，缺一不可，共同制约着市场需求。

2.调查预测

预测就是在既定条件下对购买者可能买什么做出预测。典型的购买意图直接调查法是问卷调查法、访问调查法等。

3.购买意图的间接调查法

(1)销售人员意见调查 销售人员意见调查时，由企业召集销售人员共同讨论，最后提出预测结果的一种方法。企业的销售人员可能对所在市场的需求变化了解比较透彻，可以得出比较准确的预测结果。这样方法可能会受到销售人员的某些主观想法的影响。

(2)专家意见法　邀请有关专家对市场需求及其变化进行预测的一种方法。专家包括经销商、分销商、市场营销顾问以及各专业协会等。

(3)试销法　试销法是把选定的产品投放到经过挑选的有代表性的小型市场范围内进行销售实验,以检验在正式销售条件下购买者的反应。这种方法对于预测新产品的销售情况或者为原产品开辟新渠道或新市场特别有价值。

4.趋势分析法

趋势分析法是指将过去与现在的销售量作为一组观察值,按照时间先后排序,然后应用逻辑推理方法,使其向外延伸,预见未来的发展变化趋势,确定市场预测值。

5.相关分析法

相关分析法是在市场需求预测中使用比较普遍的一类方法,它是找出预测对象和影响对象的各种因素之间的关系,并建立相应的数学回归方程进行预测的方法。

不同预测方法都有其各自的特点。因此,对这些预测方法进行选用时,必须结合所预测问题,找到能够准确地反应预测对象变化趋势的方法,并以此方法进行市场需求预测。

第三章
怎样经营好特种农产品

一、特种农产品组合

不同的消费者对特种农产品的需要是有区别的，所以为了更有针对性地满足消费者的需要，应生产不同的产品，如生鲜的特种农产品、粗加工的特种农产品和精加工的特种农产品。粗加工即对特种农产品进行简单粗略地加工，如将黑米、花生、绿豆、红豆、薏米仁、莲子、红枣、百合等合理搭配，制成八宝粥料，把玉米粉碎进行小包装销售等。精加工则是采用较先进的加工技术对特种农产品进行深加工，改变产品原有形状与色味等，如把中药材加工成具有特定功效的中成药，用花生加工出花生油，用石榴酿出石榴酒等。

作为经营单位，应生产不同种类与花色品种的特种农产品，包括原生态的、粗加工与精加工的特种农产品。如铜陵白姜在市场上销售的既有原生态的白姜，又有加工的糖冰姜、糖醋姜、桂花姜、盐水姜等，且包装各异，以满足不同消费者的需求。

二、特种农产品的生命周期延长方法

任何产品在市场上都有一个发生、发展到被淘汰的过程。在市场上，同一种用途的新产品问世并取代了旧产品以后，旧产品的市场生命也就结束了。一般说来，新产品一旦投入市场，就开始了它的市

场生命。

特种农产品的生命周期是指某特种农产品从进入市场到被淘汰退出市场的全部运动过程，也就是产品的市场生命周期。

产品生命周期一般分为导入期、成长期、成熟期和衰退期4个阶段。这一过程可用曲线来表示(见图3-1)，称之为产品生命周期曲线。

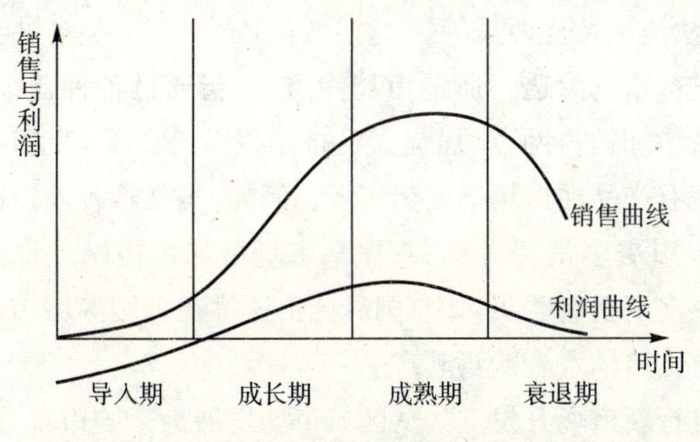

图3-1 产品生命周期曲线图

导入期(也称介绍期)是指某种产品刚投入市场的试销阶段。在此阶段，产品销售呈缓慢增长状态，销售量有限。企业投入大量的新产品研制开发费用和产品推销费用，在此阶段，企业几乎无利可赚，甚至亏损。

成长期是指该产品在市场上已经打开销路后的销售增长阶段。在此阶段，产品在市场上已经被消费者所接受，销售额迅速上升，成本大幅下降，企业利润得到明显的改善。

成熟期是指某种产品的销售增长率在达到某一点后增长放缓而进入相对成熟的阶段。在此阶段，大多数购买者已经拥有这种产品，市场销售额从显著上升逐步进入缓慢下降的阶段。产品在市场上普遍销售以后，大多数购买者已经接受该项产品，市场销售额开始缓慢增长或下降的阶段。

衰退期是指某种产品在市场上已经滞销而被迫退出市场的衰亡阶段。在此阶段，销售额迅速下降，企业利润逐渐趋于零或呈负数。

随着科技发展，产品的生命周期越来越短，尤其是加工的某些特种农产品的生命周期更短。一般可采用以下方法来延长产品生命周期。

(1)改良特种农产品　改变产品特征，实行差别化策略，给消费者以新鲜感，如进行西瓜嫁接，生产出个小、皮薄、更甜的西瓜，或采用一定方法产出黄皮西瓜等。

(2)进行市场渗透　所谓市场渗透，是指通过各种营销措施，如增加广告、增加销售网点、加强人员推销以及降价等，吸引更多的顾客，增加现有产品在市场上的销售量。例如，当某特种农产品增加广告后，会吸引更多消费者购买；在某市场增加销售网点也会提高销量，方便更多消费者购买，如宁国詹氏山核桃在合肥等城市增加销售网点后，有更多消费者购买其产品。

(3)进行新市场开发　如从区域市场发展为全国市场，或从国内市场发展为国际市场。这样可以使产品生命周期得以延长。

三、特种农产品的开发与创新

由于产品具有生命周期性，所以要想使经营的特种农产品有可持续性，就应不断地进行特种农产品的开发与创新。通常可以采取以下几种方式开发新产品。

(1)独自开发　完全通过自身力量开发新产品，称独自开发。

(2)委托开发　自身能力有限，委托高校或科研院所等来开发新产品，称委托开发。

(3)联合开发　由两个以上的企业互相协作开发新产品，或与高校、科研单位互相协作开发新产品，称联合开发。

(4)引进国外或国内先进技术或新品种　通过购买企业外部的技术专利权或特许权，取得经营权利。这种方式能节约研制费用和研制时间，快速生产或加工新产品。亦可直接引进新品种进行种植或养殖。

进行特种农产品经营也要做到“人无我有，人有我新”，始终站在竞争最高点，这样才能取得高效益。

一斤鲜刺卖到6元钱，亩均收入2万元

“一斤鲜枣卖到6元钱，亩均收入2万元!”，这个消息在当地引起了轰动，也受到了著名果树专家、中国农科院果树研究所汪景彦教授的关注。创造这一奇迹的农民叫李国英，是灵宝市西阎乡东吕店村人。连日来，到他家枣园参观学习、预订接穗的群众络绎不绝。

到底是什么枣能产出这样高的效益呢？站在李国英的枣园里，如果不是看到枝条上密密麻麻的枣，你可能不会相信眼前的是枣树：枣叶像苹果树叶那么大，相当于一般枣叶的10倍。每枝平均结枣30个，每个枣如核桃大小。

这种枣最大的特点就是品质好、含糖量高、抗病虫害能力强，并且分3批开花、结果、成熟，采摘期长达1个月，10月底采摘结束，比普通枣延长了1个月。

2001年，李国英从山东临沂引种20亩大雪枣，但效果不够理想。2004年，他从南阳购买了大王枣接穗，嫁接在大雪枣树上。为了钻研枣树管理技术，他把家搬到了黄河滩上，吃住在枣园里。后来，他大胆借鉴苹果修剪方法，经过反复试验，终于摸索出一套枣树修剪新技术。汪景彦教授到枣园调研后评价说：“我在全国跑了那么多地方，还没有发现有人搞木质化枣吊。”灵宝市科技局也依托李国英的枣园建起了大王枣科技专家基地，汪景彦被聘请为首席专家。

李国英还注册了“益宝”牌SOD大王枣商标，配以精致的包装，成为该市中秋节非常时尚的礼品，在当地市场上供不应求。

“因为规模小、总量低，现在我的市场主要在灵宝。今后我打算发展大棚枣，使采摘期再延长个把月，赶在春节前后上市，那样就能卖出更好的价钱。”李国英自豪地说。

四、特种农产品的品牌打造

有不少农民认为，农产品是同质性较强的产品，不需要品牌，只要质量好就不愁销。这是传统思想，已跟不上时代的潮流。21世纪是品牌竞天下的世纪，品牌就是质量，品牌就是效益，品牌也是一种生产力，所以特种农产品的经营也必须要高度重视品牌打造。

钦州水果靠品牌提价后多获收益

近年来，广西钦州市大力发展品牌农副产品，促进了产品价值的提升，为企业、个体工商户及农民带来了更多的实惠。钦州市盛产亚热带水果，经济作物和海产品也十分丰富。该市的灵山县被誉为"中国荔枝之乡"，浦北县被命名为"中国香蕉之乡"。钦州市从强化商标注册意识入手，通过各种形式增强市场商标注册意识。个体老板刘积贵率先注册了"通天"牌水果商标，结束了该市有特种靓水果而无品牌的历史。到目前为止，该市的农副产品注册商标已发展到近百个。注册后的农副产品，凭着良好的质量和信誉，打入了国内多个省市，部分还打进了国际市场。"那雾岭"和"锦泉瓜脆"等瓜皮注册商标后，也引发了该市瓜皮原料价格大大上涨，使市面上的黄瓜皮价格由注册前的每千克 4 元左右上升到每千克 10 元左右。

1.品牌含义

品牌是用以识别某个销售者或某群销售者的特种农产品，并使之与竞争对手的产品区别开来的商品名称及其标志，通常由文字、标记、符号、图案和颜色等要素或这些要素的组合构成。品牌就其实质来说，代表着销售者（卖者）对交付给买者的产品特征、利益等的一贯性的承诺。品牌包括品牌名称和品牌标志两部分。注意品牌不等于商标，品牌在政府有关部门依法登记注册并取得专用权后，称为商标。未经注册的品牌不是商标，不享有专用权，也不受法律保护。因此，品牌和商标虽然都是识别某一产品或服务的标志，但两者并不相同。

2.品牌经营理念

如今要打造一个好的特种农产品品牌，必须树立特色理念、安全理念、绿色理念、诚信理念、共赢理念等五大经营理念。

3.品牌设计原则

品牌设计的一般准则是易记性、可转移性、独特性，含义丰富性、合法性，避免雷同。

4.品牌传播

一个品牌要成为受消费者欢迎的品牌，最终成为名牌，品牌传播十分重要。通过人员传播、广告传播、各种会议传播及公共关系传播等，只要有机会，就不失时机地进行宣传品牌，让更多人了解品牌。

五、特种农产品的包装与销售服务

1.特种农产品的包装

特种农产品再加上合适的包装，会锦上添花。包装有着重要功能：

(1)包装有利于吸引消费者　好的包装可以激发消费者的购买欲望，从而有利于产品的销售。

(2)包装便于产品的储存、使用和运输　在产品销售过程中，需要多次运转和装卸，销售商不仅期望便于货架放置的包装、吸引人的包装，而且希望能够很好地保护商品、防止腐烂和破碎的包装。包装具有保护商品、美化商品、促进商品销售的功能，良好的包装是一种无声的推销。

(3)包装有利于产品促销和提高产品附加值　搞好产品包装可以实现商品价值和使用价值，精美的包装还可以使商品增加价值。相反，不注意包装或包装不适当，好货未必能卖上好价，如我国早期的长白山人参是一种高档的滋补品，可在出口时竟用一般的麻袋装，一流的产品，三流的包装都算不上，销售价格很低。如今的长白山人参采用精美的锦盒包装，看上去既高档又美观，当然价格也不菲。

特种农产品的包装应紧跟潮流，适应现代产品包装的新趋势。目前包装有六大趋势。一是小型化。如目前市场的水果出现现买现吃的特点，而有不少箱装水果都在10～20千克，就不能很好满足消费者需要，若推出5千克左右的轻便包装，则会更受欢迎。二是精品化。好产品，再加上精美包装，会让消费者更喜欢。特种农产品，若再进行精美独特的包装，会使产品显得既独特又美观，消费者乐意出高价买。三是透明化。消费者购买产品时，希望看到自己买的产品的样子，这样更放心，所以，在包装时使用部分透明材料，既方便给消费者观看，又能增加美感与诚信。四是组合化。目前一些农产品经营者把几种水果或蔬菜等放进一个包装盒内进行组合包装，消费者只要买一盒就可以品尝几种水果或蔬菜的美味，很受欢迎，销售效果良好。五是绿色化。针对目前包装污染严重的问题，采用一些绿色材料包装的产品更受欢迎，如采用柳条编织篮盛水果、蔬菜、鸡蛋等，既美观又不会造成环境污染，所以，特种农产品要尽量采用绿色包装。六是礼品化。我国是文明古国，礼仪之邦，走亲访友，逢年过节，人们都会带上礼品，所以馈赠祝福型、地方特色型等礼品包装非常畅销。

生产特种农产品的农民朋友，可能不会设计品牌与包装，但可以直接找专门搞包装设计的公司帮助做，或请政府部门牵线搭桥，完成要做的事情，亦可建立或参加专业合作社，联合起来形成规模大、影响力强的特种农产品企业，产加销一条龙，提高市场竞争力。

2.特种农产品的销售服务

特种农产品的销售服务往往容易被忽视，觉得不重要。事实相反，每种特种农产品都有其独特性，但有不少销售人员与消费者还不清楚，所以为了让销售人员销售本产品时能准确介绍产品的特点与消费方法，应对他们进行培训，要提供详细的产品说明书及储存、消费方法等，让消费者真正感受到产品的特别之处。另外，在产品销售中，还可提供运输、融资等销售服务，也应留下联系电话或网址，提供咨询等销售服务。

六、如何搞好特种农产品的“绿色化”

民以食为天，食以安为先。发展优质、高效、生态、安全的绿色农产品是全面建设小康社会的必然要求，也是带动我国农产品大规模走向国际市场的重要手段。绿色农产品符合现代农业发展的基本方向，全面体现了现代农业的本质内涵。今后的农产品市场是绿色农产品的天下。

所谓“绿色化”，即要生产绿色的特种农产品。一般来说，采用绿色农业生产技术生产出的农产品泛称为绿色农产品。目前国际上对绿色农产品的称谓较多，如在芬兰、瑞典等国家叫“生态食品”、“健康食品”，在美国、日本、德国等国家叫“有机食品”。不同国家在这类食品的内涵和定级标准方面也略有差异。

在我国，根据定级标准的高低，以及不同管理部门的定义，目前一般将绿色农产品划分为无公害食品、绿色食品和有机食品三类。

(1)无公害食品　无公害食品指产地环境、生产过程和产品质量符合无公害农产品标准和规范的要求，经认证合格获得认证证书，并允许使用无公害农产品标志的食品。其产品标准、环境标准和生产资料使用标准为强制性国家及行业标准，生产操作规程为推荐性行业标准。

无公害食品在生产过程中允许限量、限品种、限时间地使用人工合成的安全的化学农药、兽药、渔药、肥料、饲料添加剂等，其卫生标准严于国家一般食品卫生标准。

图 3-2　无公害农产品标志

(2)绿色食品 绿色食品指遵循可持续发展原则，按照特定生产方式，经专门机构认定，许可使用绿色食品标志商标的无污染的安全、优质、营养类食品。绿色食品必须同时具备以下4个条件：一是产品或产品的原料产地必须符合绿色食品生态环境质量标准；二是农作物种植、畜禽饲养、水产养殖及食品加工必须符合绿色食品生产操作规程；三是产品必须符合绿色食品产品标准；四是产品的包装、贮运必须符合绿色食品包装贮运标准。从1996年起，绿色食品又分为AA级绿色食品和A级绿色食品两个级别。

AA级绿色食品是指环境质量符合规定的产地，生产过程中不施用或添加任何有机化学合成物质，按有机生产方式生产、加工，产品质量包装符合规定标准，并经中国绿色食品发展中心认定，许可使用AA绿色食品标志的食品。

A绿色食品是指环境质量符合规定的产地，生产过程中允许限量使用限定的有机化学物质，按规定操作规程生产、加工，产品质量及包装符合规定标准，并经中国绿色食品发展中心认定，许可使用A绿色食品标志的食品。

图3-3 绿色食品标志

(3)有机食品 有机食品指按照国际有机食品生产要求生产，在一定期间内没有使用过化学肥料和化学合成农药，并通过独立的认

证机构认证的环保型安全食品。

有机食品生产需要符合以下 5 个条件：一是原材料必须来自已建立的或正在建立的有机农业生产体系，或采用有机方式采集的野生天然产品；二是整个生产过程中必须严格遵循有机食品加工、包装、贮藏、运输标准；三是在生产和流通中，必须有完善的质量控制和跟踪审查体系，并有完整的生产和销售记录档案；四是要求在整个生产过程中对环境造成的污染和生态破坏影响最小；五是必须通过独立的有机食品认证机构的认证。

图 3-4　有机食品标志

第四章

怎样进行特种农产品定价

一、特种农产品的成本分析

成本是企业在生产经营过程中各种费用的总和，是价格构成的基本因素和制定价格的基础，是商品价格的最低限度。成本包括生产成本、营销成本、储运成本等。生产成本主要包括物质成本（肥料费、种子费、机械费、排管费、植保费、畜力费及其他直接费用）与人工费用；营销成本主要包括营销环节的直接成本、资金成本、纳税成本3个方面；储运成本包括库存费用、运输费用、物流管理费用和隐性成本等。

二、影响特种农产品的定价因素

一般情况下，农业企业作为独立的商品生产者和经营者，可以独立自主地定价，因此，定价是营销组合的可控变量之一，但是，这种自由定价并不是随心所欲、不受任何制约的。价格的制定要受一系列内部和外部因素的影响和制约，企业定价时必须考虑这些因素。企业内部因素包括营销目标、营销组合、成本和定价目标；外部因素包括市场和需求的性质、竞争和其他环境因素，如宏观经济状况、政府的法令政策等。具体有以下几类影响因素。

(1)生产率因素　生产率是影响农产品价格的根本性因素。农

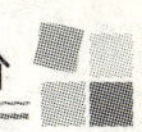

业劳动生产率提高，农产品商品的价格下降；农业生产率下降，农产品商品的价格上涨。

(2)供求关系因素 供求关系是农产品市场短期和现实的价格形成中主要的直接因素，其他因素对价格形成的影响，几乎都要通过供求关系发生作用。

农产品主要是人们生活的必需品，农产品的价格高少卖不了多少，价格低也多卖不了多少。因此，一旦供大于求，农产品的价格将会有较大的下跌；而一旦求大于供，农产品的价格就上升较快。

(3)农产品成本 定价中首先考虑的是产品成本，它是农产品定价的基础，也是农产品生产者核算盈亏的临界点。定价高于成本，农产品生产经营者及企业方能获得利润；反之，则亏本。

(4)市场因素 农产品市场竞争有以下3种情况。

①卖主之间的竞争。这表现为几个卖主争夺一个买主，或多数卖主争夺少数买主。各个卖主为了争售农产品竞相降价，促使价格下跌。在一定的条件下，买主甚至会把价格降到成本以下出售。

②买主之间的竞争。这表现为几个买主争夺一个卖主，或多数买主争夺少数卖主。各个买主为了争购农产品竞相提价，促使价格上涨。在一定的条件下，买主甚至不惜高价购买农产品。这种情况在农产品的拍卖市场常常可以看到。

③卖主和买主之间的竞争。一般来说，卖主有争夺高价的倾向，买主有争低价的趋势，都寻找有利于自己的交易对象成交。这种竞争对价格形成的影响，主要以买卖双方参加交易的人数、经济实力、才能和掌握市场信息的程度而定。

(5)国家有关政策法规 价格是关系到国家、企业和个人三者之间的物质利益的大事，与人民生活和国家的安定息息相关。因此，国家在自觉运用价值规律的基础上，通过制定物价工作方针和各项政策、法规，对价格进行管理、调控或干预，利用税收、金融海关等杠杆间接地控制价格。

三、定价步骤

制定价格是一项很复杂的工作，要采取 6 个步骤:第一，选择定价目标;第二，测定需求的价格弹性;第三，估算成本;第四，分析竞争对手的产品与价格;第五，选择适当的定价方法;第六，确定最后价格。

企业确定最后价格还需要考虑其他方面的情况，如考虑所制定的价格是否符合政府的有关政策和法令的规定，否则就会违法，受到法律制裁;考虑消费者的心理;考虑企业内部有关人员和经销商、供应商等方面对定价的意见，以及竞争对手对所定价格的反应等。

四、特种农产品主要定价方法

1.特种农产品定价的特殊性

特种农产品不像传统的农产品那样有成熟的市场、成熟的价格系统，全国的价格不会相差很多。而特种农产品才刚刚起步，各个方面都不成熟，价格比较混乱。它的价格特点为批发同一地区的同一季节的特种农产品往往价格不同，同一地区的不同季节的特种农产品价格也不同，不同地区的同一季节价格相差很大。

比如作为健康美食的蝗虫，在 10 月份的时候天津地区有 7.5 元一千克收购的，还有 5 元一千克收购的，而在有的地区则达到了 10～17.5 元一千克。

2.特种农产品定价的一般定价方法

(1)成本导向定价法 在成本的基础上加上一定的利润和税金来制定价格的方法。这种定价方法是最普遍的方法(又称“成本加成法”)。按照产品的单位成本加上预期的利润作为农产品的价格。成本加成法的基本步骤是:预测农产品的销售数量;确定可能销量下的

产品总成本；将总成本除以销售量求出农产品的平均成本；确定利润加成比例；确定产品价格。

价格＝平均总成本（单位产品成本）＋预期利润

例如：某农产品的预期销售量为1000吨，总成本为160000元，预期获利为20%，按照成本加成法定价。

由上述可知：平均总成本＝160000/1000＝160（元）

则　　　　　价格＝160＋160×20%＝192（元/吨）

成本加成法的优点主要是简便易行，有利于核算并能补偿总成本。在正常条件下能获得预期利润。其缺点是忽略了市场上产品的供求情况和竞争情况，忽略了成本以外的其他因素对定价的影响，使价格缺乏准确性和灵活性。

(2)比较定价　比较定价就是将农产品按照低价和高价销售，并进行比较之后再确定价格的一种定价方法。在农产品销售中，获利大小既与定价有关，又与销售量有关。如果农产品定价低一些，销量多，同样能获大利；如果定价高，销量少，只能获小利，甚至亏本，薄利多销就是这个道理。因此比较之后进行定价也是一种有效的定价方法。

(3)收支平衡定价法　这种方法是采用盈利平衡点的原理来定价的一种方法。即销售数量在某一数量时价格应定在什么水平，企业才能保证不发生亏损。其计算公式为：

收支平衡保本单价＝固定成本/销售量＋平均变动成本

采用这种方法定价的优点是简便易行，缺点是预期产品的销售量难以确定。因为预期销售量往往不是企业所能完全控制的，还要取决于市场的供求关系。同时，企业的实际销售量只有超过预期的销售量以后才能取得利润。如果市场供求波动很大，企业就难以保证获得预定的利润。

(4)以需求为中心的定价方法　以需求为中心的定价方法就是以消费者需求的变化及消费者对价格的理解作为基础的定价方法，

也称为需求导向定价法。这类定价法主要包括以下两种。

①理解需求定价。理解需求定价也称理解价值定价法。这种定价方法是根据消费者的价值观念进行定价的。

②需求差异定价。农产品需求差异定价就是对某一种农产品，针对不同需求情况分别采用不同的价格。例如,同一种农产品对一般顾客,可以按正常价出售,而对常年主顾和大量购买者可以适当降价以鼓励他们继续购买。随着时间的变化而变化时,在不同的时间应该采用不同的价格,例如,同一种农产品在一年中不同的季节价格有高有低,在需求旺季价格可高一些,对需求淡季价格可低一些,特别对一些鲜活农产品价格在时间上的差异表现特别明显。

(5)竞争定价 竞争定价就是根据竞争对手产品的价格来制定自己产品价格的一种方法,以竞争为中心的定价方法常见的方式有以下3种。

①随行就市定价。根据同行业企业的平均价格水平定价。该定价适于均质农产品。在完全竞争的农产品市场上,价格完全是由市场自发形成的。某个农业生产或经营企业把价格定得高于流行价格。企业在这种条件下,唯一的竞争手段是控制成本,即努力降低成本,以便在流行价格的水平上取得更多的利润。

②追随定价法。以同行主导企业的价格为标准制定自己产品价格,可以避免企业之间的价格战。

③投标定价法。一般在购买大宗农产品时,发布招标公告,由众多的卖主在同意招标人所提出条件的前提下,招标者从中择优选定。

五、特种农产品的定价技巧

产品的定价讲究一定的策略,也就是技巧。企业应根据不同的产品和市场情况,采取灵活多样的定价策略和技巧。常见的定价技巧有以下5种。

1.新产品定价技巧

农业经营者推出一个新的蔬菜品种上市，会满足人们的“好奇”、“想品尝”的心理，最初适宜采用高价格定价策略，以获取领先者效益。1995年山东寿光市赵家村民赵某从外地引进了当地没有的苦瓜种子，在自己的塑料大棚进行番茄套种苦瓜试验获得成功，元旦前后收获的苦瓜被外地商贩高价抢购，价格卖到60元/千克。当年他的蔬菜大棚收益比别人高出2～3倍。后来周围农户纷纷效仿种植，价格随之快速下跌，但此时赵某已经取得高额回报。

2.产品涨价技巧

涨价是件难事，涨价会引起消费者及中间商的不满，但在有些情况下，企业需要考虑提价：产品畅销，市场供不应求，这时为平衡供求并提高产品档次和增加收益，可以适当提价；当发生通货膨胀时，会引起物价的普遍上涨，企业的成本上升，售价必然要相应提高。有时售价上涨要超过成本的上升幅度，可以通过以下方法来实现涨价：减少免费服务项目或增加收费项目；压缩单位产品的分量；减少价格折扣；使用便宜的材料或配件；减少或改变产品功能以降低成本；使用低廉的包装材料或推销大容量包装的产品。

适当涨价有可能增加销量，使企业获得意想不到的效益。提价本应抑制购买，但有些消费者却有不同理解：涨价一定是畅销货，不及时购买将来可能买不到；该产品一定有特殊价值；可能还要涨价，及时多买些存起来，国人买涨不买跌就是这个道理。

3.产品降价技巧

降价会引起同行企业关系的不和谐，容易诱发价格战，但在某些情况下不得不降价。生产能力过剩，需要扩大销售；市场竞争加剧，迫使企业降价以维持和扩大市场份额；经济不景气，消费淡季需求减少，降价可以刺激需求等。

降价也要谨慎。因为有的购买者会将降价理解为有新产品将上市，老产品降价为了处理积压存货；降价产品肯定是有质量问题或有瑕疵；企业财务出了问题，生产经营遇到困难；有可能今后继续降价，造成消费者持币观望，反而销量减少。

4.折扣与折让技巧

折扣与折让都是减少一部分价格以争取顾客的方式。给予购买者或企业的折扣主要有以下几种。

(1)现金折扣 对按约定日期付款的顾客给予一定的折扣，鼓励提前偿付欠款，加速资金周转。

(2)数量折扣 按购买数量的多少，分别给予不同的折扣，购买数量越多，折扣越大。鼓励大量购买，或集中向本企业购买。

(3)交易折扣 根据各类中间商在市场营销中担负的功能不同，给予不同的折扣，又称商业折扣或功能折扣。一般说来，给予批发商折扣较大，给予零售商折扣较少。

(4)季节性折扣 生产季节性产品的企业，对销售淡季来采购的买主，给予折扣优待，鼓励中间商及用户提早采购，这样有利于减轻储存压力，从而加速商品销售，使淡季也能均衡生产。旺季不必加班加点，有利于充分发挥生产能力。

5.心理定价技巧

(1)尾数定价 许多商店对商品的标价，宁取9.99元，不定为10元；宁定为0.19元，不订为0.2元等。这是根据消费者心理，尽可能取低一位数，实际相差无几，却给人以大为便宜的感觉。有的地方，价格尾数为8，符合当地风俗习惯。尾数定价的另一种用意，是希望顾客在等候找零期间，能发现和选购其他商品。

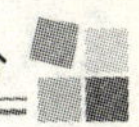

(2)声望定价　这是利用消费者仰慕名店名品声望的心理而采用的一种定价方法。一些老字号的企业经过每年经营,在消费者心目中有了一定的声望,消费者产生了信任感,可以利用企业的声誉,提升产品档次同时提高价格。例如,全聚德烤鸭的价格就比一般商店烤鸭价格高,但不会影响销售。

第五章
怎样建立畅通的特种农产品销售渠道

一、选择销售渠道要考虑的因素

1.销售渠道

销售渠道是指商品从生产领域转向消费领域所经过的路线和通道。农产品销售渠道构成了营销活动效率的基础，因此提高销售效率，就必须以最低的成本完成商品的转移过程。农产品自身的属性要求多渠道少环节。

2.选择正确的销售渠道

要考虑农产品经营者的主观条件和客观条件等诸多因素，其中关键的因素是目标市场的状况、产品的特点和经营者本身的资源状况。

(1)目标市场因素 农产品市场和工业品市场是两类不同的目标市场。一般农户在销售农产品时，应适当考虑农产品不耐储存的特点，尽量减少流通环节。如果潜在顾客的数量相对较少，经营者可以考虑使用推销人员直接推销；相反，如果顾客数目多，就必须考虑使用中间商进行广泛的销售活动。目标市场如果比较集中，经营者一般可采用直接销售的方式；如果分散，则使用中间商。对于一次性

购买数量很大的用户，可以直接供货；对于订单较小的用户，可以通过中间商进行销售。

(2)产品自身因素 价格越高，越宜于选择短渠道模式，因为多一次中间转手，就要加上一定的中间商利润，会影响销路。一些价格较高的产品，最好是经营者用推销员直销。易腐产品或式样容易过时的产品，周转要快，渠道越短越好；而比较耐久的产品，则可以采用长渠道销售。体积大、重量也大的商品，宜短渠道销售，以减少物流费用。

(3)农产品经营者本身的资源因素

①经营者的规模和声誉。实力很强、市场声誉高的经营者，一般利用少环节或直销渠道，而资金和条件有限的经营者，多数要依靠中间商的力量。

②管理能力。管理先进的企业，可以直接派出推销人员或自己设立销售网点，使得渠道缩短；缺乏销售经验和能力的农产品经营者，则可依赖中间商。

③控制渠道的愿望。为了维护产品的声誉，控制产品的售价，可花费较高的直接推销费用，采取短渠道销售；如果只求卖出产品，不想控制销售渠道，则可依赖中间商销售。

④成本效益。经营者可供选择的营销渠道很多，但在选择过程中，要考虑成本和效益情况，注意选择成本低、效益好的方案，以利于提高其利润水平和竞争力。

二、农户直接销售特种农产品应注意的事项

农户直接销售，即农产品生产农户通过自家人力、物力把农产品销往周边地区。近年来河南瓜农在售瓜过程中，较多采取了这种销售渠道销售，取得了很好的效果。这种方式作为其他销售方式的有效补充，具有以下优点。

(1)销售灵活 农户可以根据本地区销售情况和周边地区市场

行情，自行组织销售。这样既有利于本地区农产品及时售出，又有利于满足周边地区人民生活需要。

(2)农民获得收益高　农户自行销售避免了经纪人、中间商、零售商的盘剥，能使农民朋友获得实实在在的利益。

但这种销售渠道也有以下几点不足之处。

①销量小。农户主要依靠自家力量销售农产品，很难形成规模。

②销量不稳定。尽管从长期来看可以避免“一窝蜂”现象，但在短期很可能出现某地区供大于求、价格下跌的状况，损害农民利益。

③受到排斥。一些农民法律意识、卫生意识较差，容易受到城市社区排斥。

针对以上问题可以采取一些措施加以弥补：设立农产品直销点。农户也应该学习一定的市场销售技巧，通过成立直销点以及与零售商建立良好关系来保证稳定的销量。加强对农户的教育，帮助他们树立法律意识、环保意识、市场意识。

三、通过特种农产品经纪人销售

1.农产品经纪人

根据农产品经纪人国家职业标准，从事农产品收购、储运、销售以及销售代理、信息传递、服务等中介活动而获取佣金或利润的人员，就是农产品经纪人。

农产品经纪人是在买卖双方中充当中介促成交易的中间商人，是促进商品交换和流通、促使生产者和消费者“联姻”的“红娘”。

我国现在农村市场经济框架已初步形成，但许多农民对市场经济还比较陌生。市场经济环境下，生产由农民自主决定，销售由农民直接进入市场，许多农民尚未适应这种生产方式。生产和销售基本上依靠“道听途说”，导致生产不确定，农产品销售盲目，迫切需要有

人牵线搭桥。在这种情况下，农产品经纪人应运而生。实践证明，农产品经纪人已逐步成为农村新型社会化服务体系的重要组成部分，是农村改革和经济发展中的新生力量。

2.农产品经纪人种类

(1)销售型经纪人　农产品销售是农民的最大难题，这就需要有专门的人来做农产品收购和促销的“红娘”，实现产、销衔接，解决农产品的买卖难的问题。农产品数量大、品种多，如果产品流通不畅，势必造成“生产容易销售难”的结果。农民丰产不丰收，农民辛辛苦苦的劳动将成为泡影。营销经纪人为农民的产品找“婆家”、“穿针引线”，使农民得到了实惠。

(2)科技型经纪人　农业发展方向是优质、高产、高效，现代农业生产与高科技的有力结合，这就需要有一批既懂技术、技能，又会经营的“专门人才”、“市场专家”，利用自己掌握的科技为农民服务，以“科技土专家”的身份帮助农民引进并推广各种农业新品种、新产品和新技术。农民对这类经纪人信得过，因为他们土生土长，对乡情了如指掌，懂得农民的需求。经纪人在为农民服务中获得了收入，又增加了科技意识，普及了科学知识，推广了科技方法。

(3)信息型经纪人　在市场经济条件下，离不开大量迅速、准确的市场信息。农民进入市场以后，急切想知道各种市场行情，农业产业结构的调整，农民产业的转移，农村剩余劳动力的就业，以及各类农产品的需求信心、劳动力输出信息、科技信息等。农产品经纪人把掌握的科技、市场行情、种植、养殖、加工及劳动力需求等各种信息提供给农民，不仅自己能收取一定的信息服务费，关键是解决了农民的燃眉之急。

(4)复合型经纪人　有些农民，本身既是生产者，又同时扮演中间人角色，为别人提供信息和市场，牵线搭桥，除了从生产经营中获利外，也以经纪人的身份获取佣金。此类农民既是生产者，又是信息提供者，也是销售者。

3.特种农产品经纪人的经纪方式

农产品经纪人的经纪方式有代购代销、委托购销和分购联销等几种方式。

(1)代购代销　农产品经纪人可以接受外地客户的委托，在本地或交通便利的地方设点收购委托人所需要的特种农产品，再批发给客户，或者可以为外地客户提供相关的农产品信息、组织货源，协助客户与农民商谈价格，从中收取服务费。

(2)委托购销　对于本地农民生产的农产品，经纪人可以接受农民委托在目标市场或其他地方设立销售点，然后与当地经纪人联手合作。具体做法是：由当地经纪人负责提供市场行情和销售渠道，由本地农产品经纪人负责组织货源和运输。这样双方经纪人联手经纪，把农产品推向市场。

(3)分购联销　这种方式是由多个农产品经纪人在农村设立不同的收购点，然后统一组织外销的一种经纪形式。在农产品分布比较分散或外销的农产品数量比较大的情况下，需要多个农产品经纪人共同合作，使农产品相对集中，便于外销。

四、如何利用特种农产品农民专业合作社

1.农民专业合作社的积极作用

农民专业合作社是从事同类农产品生产经营的农业生产经营者在自愿联合的基础上，按照民主管理的原则建立，为农业生产提供产前、产中、产后服务的互助性经济组织。

农民专业合作社是适应市场经济发展需要而产生的，是提高农

民组织化程度的重要途径，在当前我国全面推进新农村建设之际，发展农民专业合作社具有重要意义。

(1)发展农民专业合作社是发展现代农业的需要　现代农业是农业发展的根本出路。发展现代农业要大力推广农业新品种、新技术，要加强农业标准化建设，不断提高农产品质量安全水平，大力培育农产品品牌。只有把农民组织起来，改变分散经营的状态，才能有效解决这些问题。

(2)发展农民专业合作社是应对日趋激烈的农产品市场竞争的需要　随着我国农产品供求关系由全面短缺转为总量基本平衡、局部地区过剩和加入世贸组织，农产品面对国际国内两个市场竞争，分散经营的农民无论是购买生产资料还是销售产品都处于弱势地位，把农民组织起来是行之有效的办法。

(3)农民专业合作社是教育培训农民的重要载体　农民专业合作社坚持互助合作，提倡“人人为我，我为人人”，能够有效培养农民的团结合作意识。农民专业组织实行民主管理，民主控制，能够培养农民的民主意识；农民专业合作社通过开展农民技术培训，能够促进农民科技素质的提高等。

(4)农民专业合作社是落实国家惠农政策的重要渠道　我国长期实行的通过基层组织推行扶持“三农”政策的办法由于环节过多，不少政策不能及时全面落实到位，影响农民的积极性。通过农民专业合作社推行扶持“三农”政策具有更好的效果。

(5)农民专业合作社是推进新农村建设的重要载体　合作社提倡自愿合作、共同发展，是发展与公平正义相统一的重要载体，是实现效率与公平相结合的重要平台，既能创造出新的生产力，又能促进农村社会和谐。

2.积极发挥农民专业合作社的功能

(1)服务功能　农民专业合作社是农民自己的组织，与农民的关系最直接，最了解农民的服务需要，可以根据农民的需求，及时为农民进行技术培训、病虫害测报防治、农产品销售市场信息等产前、产中、产后服务。

(2)组织功能　农民专业合作社可以根据市场需求组织农民形成规模化、专业化和产业化经营，以集体的力量参与市场竞争，提高市场竞争力。同时，规模化、专业化的生产也有利于国家农业产业政策的实施，有利于促进农业产业化经营。

(3)中介功能　农产品价值只有进入市场才能实现。但是，单个农产品加工销售企业不可能直接面对千家万户，而分散经营的农户同样没有能力直接进入大市场参与竞争。农民专业合作社组织就可以把农民组织起来，带领农民闯市场，实行农户与企业、生产与市场对接起来，降低了农民的生产经营风险。

(4)载体功能　农民专业合作社是由农民组成的，扶持专业合作社，就是扶持了农民。因此，农民专业合作社是落实国家扶持“三农”政策的重要载体。农民专业合作社在培训教育农民、组织农民开展生产和社会公益性服务等方面也可以有效发挥作用，是推进社会主义新农村建设的重要载体。

3.健全农民专业合作社的服务功能

因农民专业合作社成员的合作方式、生产经营内容以及合作组织的自身条件不同，不同的农民专业合作社，对成员提供的服务内容不尽一致。服务内容根据组织实力和生产经营者的需要而定，从现有的农民专业合作社为成员提供的服务内容看，主要有以下几个方面:统一采购生产材料；引进新品种、新技术；开展技术咨询和培训，提供信息服务；组织标准化生产；统一收购农产品，组织农产品销售；培育农产品品牌，实行农产品初加工；提供信用担保，帮助成员解决生产经营资金问题；协调销售价格，维护市场秩序；维护成员合法权益。

五、开发新型特种农产品直销模式与选址要求

农产品直销模式可有效避免农产品流通障碍及不安全问题，并且能较大限度减少中间成本，正受到越来越多的终端消费者欢迎。有专家预测，在不久的将来，直销模式极有可能成为农产品流通中的一种主要销售模式。

1.特种农产品直销模式产生的背景

近年来，农产品频繁且幅度较大的价格波动，引起了社会各界的广泛关注，几度成为主流媒体及人们日常交流中的焦点话题。“蔬菜价格就贵到最后一公里”的说法在这些讨论中被很多人接受，农产品流通由此饱受诟病。在我国农产品买方市场的形成和农产品市场的国际化背景下，一种新的流通模式——直销模式正在我国悄然兴起。

2.加快特种农产品直销模式的建设

业内人士分析称，这种模式还有待于进一步探索，能否加强拓展鲜活特种农产品直销对接，让更多的新鲜农产品以最短的运输时间、最少的流通环节、最实惠的价格从产地直供到社区百姓餐桌，关键在于3个方面的建设。

首先，结合城市规划搞好调查研究，扩大农产品经营网点。这是一项基础性的工作，需要花大力气，不避繁琐，抓实、抓好。

其次，建立稳定的供应链。组织指导大型连锁企业、农产品批发市场、运销企业等与农产品供应基地、农产品生产大户、合作社等建立密切的产销合作关系，为农产品直营网点建立稳定的供应链。

最后，在积极发挥市场机制作用的同时，还必须考虑农产品流通设施的公益性。通过政府收购、参资社区市场等方式建设一批社区平价农产品市场；积极创造条件，鼓励开展“农社合作”，在注重质量和安全的基础上，支持农业合作社和农民进入城市社区、街道直销。

在政府相关部门的支持下，只要齐抓共管，建立起长效机制，农产品流通的直销模式将会占领市场首位，随之而来的成功也会为广大市民带来更大的便利，为生产者创造更大的收益，起到双赢效果。

3.特种农产品直销模式载体

(1)农产品直销店 在大城市建立农产品直销店，利用配送中心和运输公司实现间接直销。直销店以当地农户为流通主体，农民成为流通渠道的支配者。这是直销店区别于其他流通模式最重要的特点。在这种模式下，农户不再被动的受支配，他们扮演着农产品的生产者和经营者的双重身份。他们一方面从事农业生产，另一方面通过直销店使得农户掌握了一定的农产品最终销售价格的制定权。

(2)直接与农民专业合作社签订合同或直接向农民收购 大型企业、宾馆饭店或旅游景点等直接与农民专业合作社签订合同，建立稳定的产销关系，或直接向农民收购。大型机构采购量大、稳定，要求农产品经营户保证产品质量，同时保证安全性。

(3)鼓励近郊合作社或种植大户进城设点或进驻农贸市场 定点销售给人可信赖的感觉，直销敢于亮出自己的品牌，提高消费者的信任度。

(4)农超对接 城市连锁超市与农民或农民联合销售，组织建立直接联系，实现直销。其实质就是农超对接，通过农户和商家签订意向性协议书，由农户向超市直接供应农产品的流通方式，主要为优质农产品进入超市搭建平台。实现现代流通方式进入农村，将千家万户的小生产与变化多端的大市场对接起来，构建产销一体化链条。

(5)鼓励农产品生产者采用网络销售 详见第七章。

4.特种农产品直销选址要求

对广大农村的农民朋友来说，如果自己自建直销店经营农产品销售，要考虑因素很多，其中有一个最重要的方面，就是选址。农产

品直销选址要求如下。

(1)选址看交通,便利才行　对于乡村来说,虽然交通没有城市发达,但每个村子都有方便村民出行的道路。鉴于此,乡村零售店在选址时应把握3个方面:一要看是不是村里的主干路,来往的车辆和行人多不多;二要看路况好不好,行人过路是否方便和安全;三要看将来的发展,道路会不会改建或取消,给自己带来不必要的损失。

(2)选址看地段,位置很关键　农村居住分散,地段复杂,要选择一个好的经营位置相当困难。就地段来说,直销应把握4个标准:一是店铺最好位于村子的两头或者村子中央,不要过于偏僻;二是地段要开阔、平整,不要选择坡度较大或者地势太高、需要设置阶梯的地段;三是尽量选择采光好、通风好的地段;四是不要喧杂、周边有危险物的地段,如周边有水井、变电站或变压器、危房等,这些地段不能保障顾客的人身安全。

(3)选址看人气,人多增财气　"人气聚集财气",对于任何一家店铺来说,人气是开好店、做好生意的基础。在选店铺位置时,一要看店铺附近有没有厂矿企业或者学校;二是要看有没有村民经常聚集活动的地方,如农村文化大院、村委会办公点;三要看有没有车辆停靠站点,或者十字路口、三岔口等;四是看同行是否密集,"独木不成林"、"独门生意难做",同行越密集越能聚集人气。

(4)选址看环境,生意才能红　环境主要指的是经济环境和消费环境。周边的经济环境和消费环境很大程度上决定了店铺的经营效益。在当前,一些偏僻农村的经济状况还较为落后,村民的消费水平比较低,如果在这些地方开店,单说赊账的问题就会使许多零售店无法正常经营下去,除非自己的经济状况很好。从这个角度来说,农村零售在选址时,一定要对周边的经济环境和消费环境有所研究和分析,尽量选址在村民集中消费的地点。

第六章
怎样促进特种农产品销售

现如今，市场上的产品非常丰富，竞争异常激烈。“好酒不怕巷子深”的时代早已过去，今天的市场上是“好酒也怕巷子深，好酒还得会吆喝”。尽管产品不错，价格也合理，销售渠道也畅通，可促销做的不利，仍难取得好的销售业绩，获取丰厚的利润。所以必须重视特种农产品的促销工作。

一、特种农产品的促销与促销组合

促销是促进产品销售的简称，是指通过人员推销或非人员推销的方式，沟通与消费者之间的信息，引发、刺激消费者的消费欲望和兴趣，使其产生购买行为的活动。其实质是卖方与现实和潜在顾客之间进行信息沟通的过程。

人员促销，亦称直接促销或人员推销，是运用人员向消费者推销商品的一种促销活动。

非人员促销，亦称间接促销或非人员推销，是通过一定的媒体传递产品有关信息，以促使消费者产生购买欲望、发生购买行为的一系列促销活动，包括广告、公关和营业推广等。

通常把人员推销、广告、公关、营业推广称为四大促销方式。

促销组合是根据产品的特点和营销目标，综合各种影响因素，对人员推销、广告、公关、营业推广等各种促销方式进行选择、编配和运

用。企业促销决策的核心问题是力求促销组合的最优化，以实现更好的整体促销效果。

二、特种农产品的人员推销技巧

1.人员推销的含义与特点

人员推销是指通过推销员在一定的推销环境里，运用一定的推销技术与手段，说服潜在顾客购买某项商品，以满足顾客的一定需求，实现自身推销目标的沟通协调活动的过程，即推销员通过帮助和说服等手段促使顾客采取购买行为的活动过程。人员推销主动灵活，既能推销产品，又能收集信息，是一种常用的促销方式。

2.人员推销的基本形式

(1)上门推销　由推销人员携带样品、说明书、订货单等，上门拜访顾客推销商品的方式。这种推销方式虽然工作艰辛，但主动性很强，效果也显著。

(2)柜台推销　柜台推销是营业人员向进入商店等固定营业场所的顾客推销商品的方式。它不像上门推销那样积极主动，但由于铺面固定，易使顾客信赖，所费人力也较小。

(3)会议推销　会议推销是利用各种形式的会议，如农产品博览会、展销会、推介会等，介绍和宣传产品，开展推销活动的一种形式。这种推销方式尽管会受到与会者人数、范围限制，但用户集中，厂家众多；中间商、零售商、个体消费者集聚，便于在短时间内进行大量洽谈活动，省时省钱。

3.推销人员的工作步骤

一般来说，推销人员进行推销商品包括以下几个步骤：寻找顾客；顾客资格审查；约见；接近；面谈；成交。

(1)寻找顾客　寻找顾客有很多种办法,如地毯式访问法、连锁介绍法、中心开花法、个人观察法、广告开拓法、市场咨询法、资料查阅法等。

寻找顾客的目标是找到准顾客。准顾客,指一个既可以获益于某种推销的商品,又有能力购买这种商品的个人或组织。

(2)顾客资格审查　了解顾客的信誉、购买能力大小等,以确定是否开展下一步工作。由于在对顾客进行资格审查时,着眼点不一样,结果就不一样,影响到营销策略选择。

(3)约见　推销人员事先征得顾客同意接见的行动过程。一般来说,顾客都不大欢迎推销人员来访。所以要事先约定,争得对方同意后再访问比较好。

(4)接近　推销人员与顾客见面洽谈,一般有以下几种接近方法。

①产品接近法。推销员直接利用推销的商品引起顾客注意,它适用于本身有吸引力、轻巧、质地优良的商品。

②利益接近法。利用商品的实惠引起顾客注意和兴趣。

③问题接近法。推销人员利用提问方式或与顾客讨论问题的方式接近顾客。

④馈赠接近法。推销人员利用赠品来引起顾客注意和兴趣,进入面谈。

推销员接近顾客时,一定要信心十足,面带微笑。国外推销人员平时非常注意微笑训练,甚至有人发明了“G字微笑练习法”,即每天早晨起床后对着镜子念英文字母G,以训练笑脸,把微笑变成一件十分自然的事情。

(5)面谈　面谈是整个推销过程的关键性环节。推销工作的一条黄金法则:不与顾客争吵。在面谈中顾客往往会提出各种各样的购买异议。这些异议可分为以下几种。

①需求异议。顾客自以为不需要推销的商品。

②财力异议。顾客自以为无钱购买推销品。

③权力异议。决策权力异议，指顾客自以为无权购买推销品。

④产品异议。顾客自以为不应该购买此种推销品。

⑤价格异议。顾客自以为推销品价格过高。

另外还有货源异议、推销人员异议、购买时间异议等。

推销员处理购买异议时应注意语言技巧，如饮食店招待员把"您喝点什么？"改为选择问句"您是喝咖啡，还是甜点心？"这样的问话使顾客感到难以完全拒绝；而"来点甜点心吧"和"来一杯咖啡吧"这样两个问句却达不到那样的效果。

4.推销成功的一般规律

(1)自信　俗话说"成功源于自信"。对自己推销的产品功能质量非常了解，有绝对信心，客户才会信任你，愿意与你进行交易。

(2)助人　作为一名推销人员，若能站在顾客角度，为顾客着想，帮助顾客选择称心如意的产品，那么一定受欢迎。

(3)热情友善　对顾客热情友善，必能获得好回报。热情友善的表达方式是面带微笑的招呼与介绍，这会使顾客对你有一个好印象，从而愿意购买你推销的产品。

(4)不与顾客争辩　一位成功的推销人员永远不与顾客争辩，因为与顾客争辩的结果是推销人员肯定落入败局，失去顾客。

(5)随机应变　推销人员要认真倾听顾客的谈话，注意察言观色，根据具体情况，灵活处理问题，让顾客满意。

5.推销人员如何开拓新客户

如果要扩大销量，就应不断开拓新客户。开拓新客户的方法主要有以下几种方法。

(1)连锁开拓法　请老客户推荐介绍新客户，这是一种非常有效的方法。老客户是产品的使用者，对新客户有较强的说服力。

(2)由近而远法　为了寻找更多潜在客户,可以请自己的家人与亲朋好友、同学同事等帮助自己联系一些需要自己产品的人,通过他们牵线搭桥,找到新客户。

(3)聚集场所利用法　推销人员要处处留心,随时开拓新客户。尤其是聚集场所不可忽视,在人员聚集的地方介绍宣传自己的产品,一旦成功,可能会引起从众效应,找到较多新客户。

(4)名簿利用法　将一些团体名册、政府机关名册、电话簿、同学录等,整理成潜在客户卡片,主动与其联系,发展新客户。

(5)合作法　主动与其他商品推销员合作,相互交换客户名单,以寻找新客户。

三、特种农产品的广告技巧

如今,广告是一种非常重要的促销方式。广告是以付费的方式,有计划地借助大众传播媒体向选定的目标市场传递特定的商品的信息,以期产生影响大众行动的信息传播活动。

1.广告媒体

广告媒体主要有印刷媒体、电子媒体、户外媒体、邮寄广告、售点广告等,不同媒体各有其优缺点。

(1)印刷媒体　印刷媒体广告包括报纸广告、杂志广告、电话簿广告、画册广告、火车时刻表广告等。

①报纸广告。报纸广告的优势是:覆盖面宽,读者稳定,传递灵活迅速,新闻性、可读性、知识性、指导性和纪录性“五性”显著,白纸黑字便于保存,可以多次传播信息,制作成本低廉等。报纸广告的局限是它以新闻为主,广告版面不可能居突出地位,广告有效时间短,日报只有一天甚至半天的生命力,多半过期作废。广告的设计、制作较为简单粗糙,广告照片、图画运用极少,大多只用不同的字体、四周加上花线进行编排。

②杂志广告。杂志广告是指利用杂志的封面、封底、内页、插页为媒体刊登的广告。杂志广告的优势是:阅读有效时间长,便于长期保存,内容专业性较强,有独特的、固定的读者群。如妇女杂志、体育杂志、医药保健杂志、电子杂志、汽车摩托车杂志、家用电器杂志等,有利于有的放矢地刊登相对应的商品广告。杂志广告也有其局限性:周期较长,不利于快速传播,由于截稿日期比报纸早,杂志广告的时间性、季节性不够鲜明。

(2)电子媒体　电子媒体广告,又称电波广告,包括电视广告、电影广告、电台广播广告、电子显示大屏幕广告、幻灯机广告、扩音机广告等。

①电视广告。电视广告是指利用电视为媒体传播放映的广告。电视广告可以说是所有广告媒体中的"大哥大",它起源较晚,但发展迅速。电视广告的优势很明显。它的收视率高,插于精彩节目中间,观众为了收看电视节目愿意接受广告,虽然带有强制性,但观众一般可以接受。电视广告形声兼备,视觉刺激强,给人强烈的感观刺激。看电视是我国家庭夜生活的一项主要内容,寓教于乐,寓广告于娱乐,收视效果佳,其广告效果是其他广告媒体无法比拟的。电视广告的局限性也很明显,主要是电视广告制作成本高,电视播放收费高,而且瞬间消失,使企业通过电视做广告的费用很高。

②广播广告。广播广告是指利用无线电或有线广播为媒体播送传导的广告。由于广播广告传收同步,听众容易收听到最快最新的商品信息,而且它每天重播频率高,收播对象层次广泛,速度快,空间大,广告制作费也低。广播广告的局限性是只有信息的听觉刺激,而没有视觉刺激,而据估计,人的信息来源60%以上来自于视觉,而且广播广告的频段频道相对不太固定,需要经常调整,也妨碍了商品信息的传播。

(3)户外媒体广告　户外媒体广告主要包括:路牌广告(或称广告牌,它是户外广告的主要形式,除在铁皮、木板、铁板等耐用材料上绘制、张贴外，还包括广告柱、广告商亭、公路上的拱形广告牌等)、霓虹灯广告和灯箱广告、交通车厢广告、招贴广告(或称海报)、旗帜广告、气球广告等。

(4)邮寄广告 邮寄广告是广告主采用邮寄售货的方式，供应给消费者或用户广告中所推销的商品。它包括商品目录、商品说明书、宣传小册子、明信片、挂历广告、样本、通知函、征订单、订货卡以及定期或不定期的业务通讯等。邮寄广告是广告媒体中最灵活的一种，也是最不稳定的一种。

(5)售点广告 售点广告是售货点和购物场所的广告，是一切购物场所(商场、百货公司、超级市场、零售店、专卖店、专业商店等)场内场外所做广告的总和。

售点广告的种类就外在形式的不同分为立式、悬挂式、墙壁式和柜台式四种；就内在性质的不同分为室内广告和室外广告两种。室内广告指商店内部的各种广告，如柜台广告、货架陈列广告、模特儿广告、圆柱广告、空中悬转广告、室内电子广告和灯箱广告。室外广告是售货场所门前和周围的广告，包括门面装饰、商店招牌、橱窗布置、商品陈列、传单广告、招贴画广告、广告牌、霓虹灯广告、灯箱和电子显示广告等。

(6)其他广告 其他广告指除以上五种广告以外的媒体广告，如馈赠广告、赞助广告、体育广告、包装纸广告、购物袋广告、火柴盒广告、手提包广告等。

2.如何选择特种农产品广告媒体

一般选择广告媒体要综合考虑产品、消费者、销售范围、媒体的知名度、影响力、广告预算等因素。由于新产出的农产品，大多易腐烂、保质期短、运输储存不便，所以必须选择知名媒体树立品牌，增强消费者购买信心，达到好的广告促销效果。如陕西苹果、山东冠县鸭梨、宁夏六盘山土豆、江西赣南脐橙等，通过中央电视台广告之后知

名度大大提高，销量也大增。

四、特种农产品的营业推广技巧

营业推广又称销售促进，指那些能够刺激顾客作出强烈反应，促进短期购买行为的促销方式。营业推广能直接、迅速地提高销售额。

营业推广有的是针对消费者的，有的是针对中间商的，也有的是针对推销人员的，推广对象不同，具体做法也存在差异。

1.针对消费者的营业推广

(1)**赠送样品**　向消费者赠送样品或试用样品，样品可以挨户赠送，也可以在商店或闹市区散发，或者在其他商品中附送，当然也可以公开广告赠送。赠送样品是介绍一种新商品最有效的方法，费用也最高。

(2)**优惠券**　给持有人一个证明，证明他在购买某种商品时可以免付一定的金额。

(3)**廉价包装**　廉价包装是在商品包装或招贴上注明，比通常包装减价若干，它可以是一种商品单装，也可以把几件商品包装在一起。

(4)**有奖销售**　有奖销售是指向购买某产品的消费者提供获得现金、旅游、物品的机会。各种抽奖也属此类。

(5)**现场示范**　企业派人将自己的产品在销售现场当场进行使用示范表演，把一些技术性较强的产品的使用方法介绍给消费者。

(6)**组织展销**　企业将一些能显示企业优势和特征的产品集中陈列，边展边销。

(7)**提供赠品**　对购买价格较高商品的顾客提供相关商品（价格相对较低、符合质量标准的商品），有利于刺激高价商品的销售。提供赠品是有效的营业推广方式。

(8)**交易印花**　在营业过程中，向购买者赠送印花，当购买者手中的印花积累到一定数量时，可让其领取现金或实物。这种方法可以吸引顾客长期购买自己的产品。

2.针对中间商的营业推广

针对中间商的营业推广的目的是鼓励批发商大量购买，吸引零售商扩大经营，动员有关中间商积极购存或推销某些产品。其方式有以下几种。

(1)批发折扣 为争取批发商或零售商多购进自己的产品，在某一时期内可给予购买一定数量本企业产品的批发商一定的折扣。

(2)推广津贴 企业为促使中间商购进企业产品，并帮助企业推销产品，还可以支付给中间商一定的推广津贴。

(3)销售竞赛 根据各个中间商销售本企业产品的实绩，分别给优胜者以不同的奖励，如现金奖、实物奖、免费旅游奖、度假奖等。

(4)交易会、博览会或业务会议 通过会议宣传产品，扩大销售量。

(5)工商联营 企业分担一定的市场营销费用，如广告费用、摊位费用、建立稳定的购销关系的费用。

3.针对销售人员的营业推广

鼓励销售人员热情推销产品或处理某些老产品，或促使他们积极开拓新市场。其方式可以采用：

(1)销售竞赛 销售竞赛常见的有：有奖销售、比例分成等。

(2)免费提供人员培训，技术指导 通过免费培训销售人员，提供技术指导，可以使销售人员更加专业。

五、特种农产品的公共关系技巧

公共关系（简称公关）是指某一组织为改善与社会公众的关系，促进公众对组织的认识、理解及支持，达到树立良好组织形象、促进

商品销售的目的的一系列促销活动。它是工商企业必须与其周围的各种内部、外部公众建立良好的关系。它是一种状态，任何一个企业或个人都处于某种公共关系状态之中。它又是一种活动，当一个工商企业或个人有意识地、自觉地采取措施去改善自己的公共关系状态时，就是在从事公共关系活动。作为促销组合的一部分，公共关系的含义是指这种管理职能：评估社会公众的态度，确认与公众利益相符合的个人或组织的政策与程序，拟定并执行各种行动方案，以争取社会公众的理解与接受。公关具有高度可信、新闻效应、消除戒心等特点。公关形式多种多样，常见的有：发现和创造新闻、策划特殊事件、参与社会文体活动、赈灾义演、散发宣传资料、设立咨询电话等，也可设立一些节日，如砀山梨花节、淮南八公山豆腐节等，以吸引公众注意，了解自己的特种农产品并产生购买兴趣。公关旨在树立良好形象，是一种间接促销方式。

第七章

怎样进行特种农产品网上销售

一、特种农产品为什么要进行网上销售

1.特种农产品网上销售的含义

特种农产品网上销售是农产品网络营销的一个重要组成部分，是农产品电子商务的典型应用方式之一。特种农产品网上销售就是在特种农产品销售过程中，运用信息技术，主要是计算机技术和网络技术，在网络上进行特种农产品的需求、价格等信息发布与收集，从而提高特种农产品的品牌形象、增进顾客关系、改善对顾客服务、开拓网上销售渠道并最终扩大销售的一种营销活动。简单来说就是特种农产品农户和企业通过网络销售特种农产品的活动过程。

2.特种农产品网上销售的好处

(1)获取信息，促进销售　特种农产品大部分都是季节性生产，不易长期储存，所以在销售时必须尽快地将产品销售出去，但由于不了解市场行情和市场状况而导致销售难的问题一直困扰农民朋友和企业。农民朋友只有做到及时地了解和掌握市场信息，摸清消费者的消费意愿和动向，才能搭建买卖双方的沟通渠道，最终将产品顺利卖出去。这一切在网络上实现起来要简单得多，网络连接世界的各个角落，能够及

时地将信息传送到世界上任何地方。农民朋友可以在网上了解和掌握国内外农产品的品种、数量、供求情况、价格变化等信息，为种植、生产、加工农产品等提供决策参考，同时也可以通过网络发布自己的产品信息，从而寻找更多更大的商机，增加更多的交易机会。

(2)降低交易和经营成本　通过网上销售，可以有效地降低交易成本。首先，信息传播成本显著降低。网络可以打破时空限制，不受广告版面约束，信息传播速度更快，范围更广。信息可以通过多媒体形象生动地传送，具有双向交流、反馈迅速等特点，从而增强特种农产品销售信息传播的深度和广度，提高传播效率，降低营销信息传播的成本。其次，农民只需要很少成本就能够通过已有的电子商务网站或者建立自己的销售网站，方便顺利地将特种农产品信息快速地传递到市场中去。再次，网上销售不需要实体店面，因此也免去了店面租金等问题，这样就可以大大减少经营成本。由于大幅度降低交易和经营成本，从而使其价格更具竞争力和竞争优势，在竞争中更容易获胜。

(3)有利于树立产品品牌　现代营销竞争就是品牌的竞争，获胜的法宝就是拥有优势品牌。网上销售可以利用网络媒介的成本相对低廉、制作发布速度快、传播覆盖范围广、动感效果好等优势，能够更加迅速、准确进行产品形象宣传和定位，与消费者及时地进行沟通，从而塑造产品品牌形象和品牌声誉，增加品牌亲和力和品牌接触点，提高消费者的品牌忠诚度。

(4)打破时空限制，扩大市场销售范围　网络时代，网上销售可以不受地区、交通、语言和时间等障碍和限制。通过网络可以打破原来的时间和空间限制，每周 7 天、每天 24 小时不间断地进行网上交易和服务，在国内遍寻客商，甚至将生意做到国外，大大地扩大了产品的市场销售范围。

(5)有利于客户关系管理，加强供销关系　现代经营管理是以客户为核心的管理。网络的发展，网络应用工具的不断开发和应用，使得网上销售时客户数据的获取、分析和利用更加简单，易于操作。农民朋友可以利用现代化的客户关系管理工具，了解和掌握客户数据，进行客户关系维护和管理，提供高效的售前、售中和售后服务，实时为其解决问题，建立和形成良好的供销关系。

二、特种农产品网上销售的准备工作

1.掌握计算机的基本知识

电脑，正式名称为电子计算机，简称计算机。1946 年，在美国宾夕法尼亚大学诞生了第一台电子计算机(ENIAC)。计算机按其规模和性能一般可分为巨型计算机、大型计算机、中型计算机、小型计算机、微型计算机等。个人电脑(Personal Computer，PC)，又称微型计算机、个人计算机，简称微机、PC 机等，它出现于 20 世纪 70 年代，以其设计先进、软件丰富、功能齐全、价格便宜等优势而拥有众多的用户。个人电脑又可以分为台式电脑、笔记本电脑、一体机电脑、掌上电脑等。

图 7-1　台式电脑

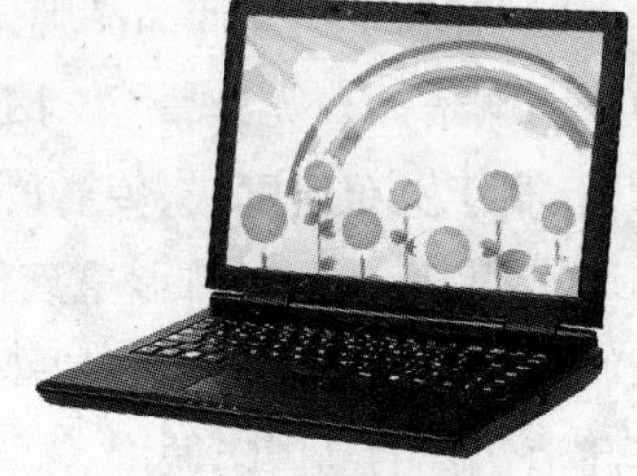

图 7-2　笔记本电脑

图 7-3　一体机电脑

图 7-4　掌上电脑

计算机由硬件系统和软件系统两部分组成。硬件系统由主机和一些外部设备组成，软件系统分为系统软件和应用软件。

图 7-5　台式计算机的基本构成

主机一般包括机箱、电源、中央处理器（CPU）、主板、内存、硬盘、光驱、软驱、显卡、声卡、网卡、输入输出接口等。外部设备主要是指输入输出设备和新型移动存储设备。输入输出设备主要包括键盘、鼠标、显示器、音箱、打印机、摄像头、扫描仪等。新型移动存储设备包括闪存卡、优盘（U 盘）、移动硬盘、MP3、MP4、MP5 等。计算机除了硬件以外还需要软件来处理和完成用户需要解决的问题。软件是用户与硬件之间的接口界面，用户主要通过软件与计算机进行交流。

2.掌握网络基本知识

(1)网络的含义　网络由于其方便、快捷、跨越时间和空间的特性，改变了人类生活以及工作的方式。现在人们的生活中，已越来越离不开网络。Internet 也称为互联网、因特网、网际网，起源于美国，现在已是连通全世界的一个超级计算机互联网络，是目前世界上最大的计算机网络。使用互联网通常称之为“上网”、“冲浪”、“浏览”或“漫游”，而使用互联网的人则称之为“网友”或“网民”。万维网（World Wide Web，WWW）是互联网上集文本、声音、图像、视频等

多媒体信息于一身的全球信息资源网络，是互联网的重要组成部分。

（2）网络协议　网络上的计算机之间是如何交换信息的呢？就像我们说话用某种语言一样，在网络上的各台计算机之间也有一种语言，这就是网络协议，不同的计算机之间必须使用相同的网络协议才能进行通信。网络协议是网络上所有设备（网络服务器、计算机、交换机、路由器、防火墙等）之间通信规则的集合，它规定了通信时信息必须采用的格式和这些格式的意义。互联网成功的主要原因是因为它使用了 TCP/IP（传输控制协议/互联网协议）标准网络协议。

（3）IP 地址（网络地址）　在网络上与其他人通信，还必须要有 IP 地址（网络地址），互联网上每台主机都必须要有一个唯一的 IP 地址。就像在现实生活中，打电话必须要有对方的电话号码。电话用户是靠电话号码来识别的，同样，在网络中为了区别不同的计算机，也需要给计算机指定一个联网专用号码，这个号码就是“IP 地址”。目前使用的 IP 地址一般是指 IPv4 地址，长度为 32 位，分为 4 段，每段 8 位，用十进制数字表示，每段数字范围为 0～255，段与段之间用句点隔开，例如 183.217.168.1。随着互联网的迅速发展，IPv4 定义的有限地址空间将被耗尽，地址空间的不足必将妨碍互联网的进一步发展。为了扩大地址空间，使用 IPv6 重新定义地址空间，IPv6 采用 128 位地址长度，几乎可以不受限制地提供地址。

（4）域名　由于 IP 地址是数字标识，使用时难以记忆和书写，因此在 IP 地址的基础上又发展出一种符号化的地址方案，来代替数字型的 IP 地址。每一个符号化的地址都与特定的 IP 地址相对应，这样网络上的资源访问起来就容易得多了。这个与网络上的数字型 IP 地址相对应的字符型地址，就被称为域名。域名就是通过计算机上网的单位在网络中的地址。一个公司如果希望在网络上建立自己的主页，就必须取得一个域名，域名也是由若干部分组成，包括数字和字母。通过域名，人们可以在网络上找到所需的详细资料。通俗地说，域名就相当于一个家庭的门牌号码，通过这个号码可以很容易地

找到要找的家庭。例如，中国农业信息网的域名为“http：// www. agri. gov. cn/”，安徽农网的域名为“http：// www. ahnw. gov. cn/”，中华名优特产网的域名为“http：// www. myttc. cn/”。域名系统(Domain Name System，DNS)，就是进行域名解析的服务器。在上网时输入的网址要通过域名系统解析，找到相对应的 IP 地址才能上网。其实，域名的最终指向是 IP 地址。域名系统规定，域名中的标号主要由英文字母和数字组成，每一个标号不超过 63 个字符，也不区分大小写字母，每个标号中间用“. ”隔开。标号中除连字符(-)外不能使用其他的标点符号。级别最低的域名写在最左边，而级别最高的域名写在最右边。由多个标号组成的完整域名总共不超过 255 个字符。域名可分为不同级别，包括顶级域名、二级域名、三级域名等。

表 7-1　常见域名的含义

国家和地区顶级域名	通用顶级域名	三级域名
由两个字母组成的国家和地区代码，200 多个国家都按照 ISO3166 国家代码分配了顶级域名，例如中国是 cn，美国是 us，中国香港是 hk，中国台湾是 tw，中国澳门是 mo 等	com 表示工商企业 edu 表示教育机构 gov 表示政府部门 mil 表示军事部门 net 表示网络提供商 org 表示非盈利性的组织	三级域名用字母（A～Z，a～z等）、数字（0～9）和连接符(-)组成，各级域名之间用实点(.)连接，三级域名的长度不能超过 20 个字符。一般采用申请人的英文名(或者缩写)或者汉语拼音名(或者缩写)作为三级域名，以保持域名的清晰性和简洁性。如中国农业信息网域名中的“argi”，即为三级域名

(5)如何连接上网　连接上网，首先要检查电脑是否安装有网卡。网卡有独立和集成两种，在机箱的后面找到一个凸字形的插孔，就是插网线的地方，有的调制解调器(Modem，俗称“猫”)的插孔也是

凸字形，但方块比较大，下边缺口，网卡的要扁一些，下边是平的。

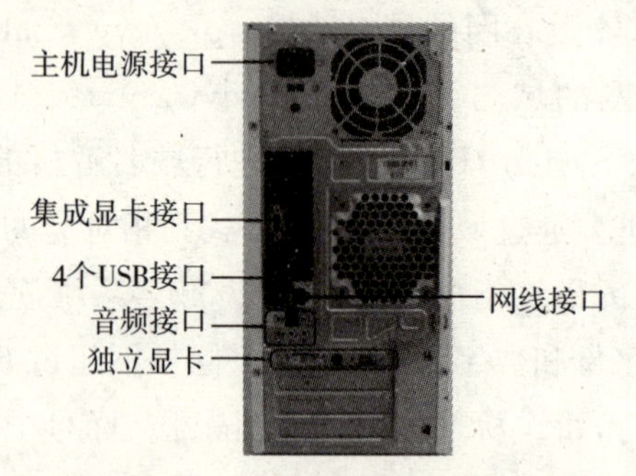

图 7-6　主机箱背面示意图

电脑要接入网络，还需要选择一定的接入方式，如拨号上网、ADSL 上网、有线电视电缆上网、光纤上网、局域网共享上网、无线接入等。现介绍常用的 ADSL 宽带上网接入方式。所谓 ADSL 技术就是用数字技术对现有的模拟电话用户线进行改造，使它能够承载宽带业务。ADSL Modem 能实现电话线传输的模拟信号与网络上的数字信号相互转换。上网之前先设置好 ADSL Modem，将从分离器剥出来的电话线接入 ADSL Modem 的电话线接口，将网线的一头接入 ADSL Modem 的网线接口，另一头接入主机上的网线接口，如图 7-7 所示。

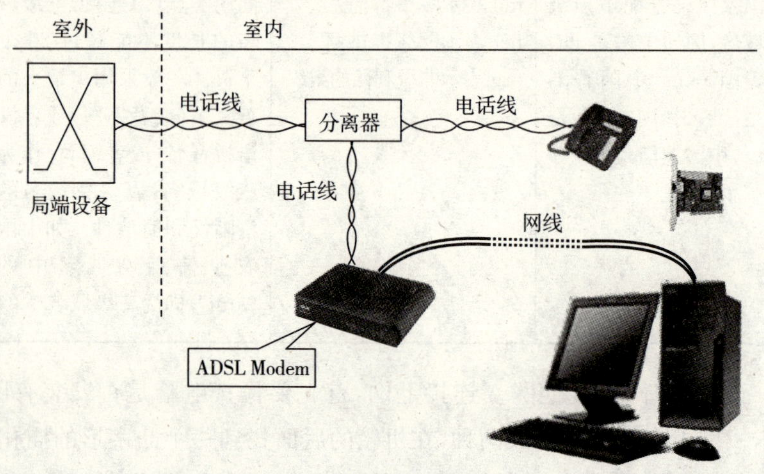

图 7-7　ADSL 安装原理图

ADSL Modem 连接好之后,然后再设置电脑。如图 7-8、7-9 所示。

图 7-8　ADSL Modem 实物背面示意图

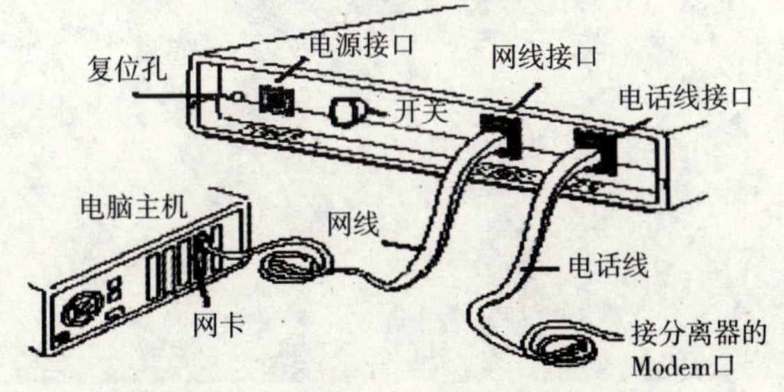

图 7-9　ADSL Modem 面板连接示意图

直接使用 Windows XP 的连接向导就可以建立自己的 ADSL 虚拟拨号连接。安装好网卡驱动程序以后,首先单击电脑中的"开始"菜单,然后再单击"控制面板",如图 7-10 所示。

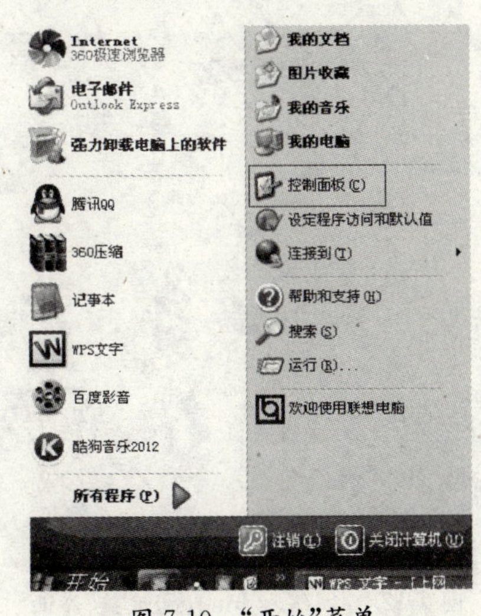

图 7-10　"开始"菜单

打开“控制面板”，进入控制面板界面，如图 7-11 所示。

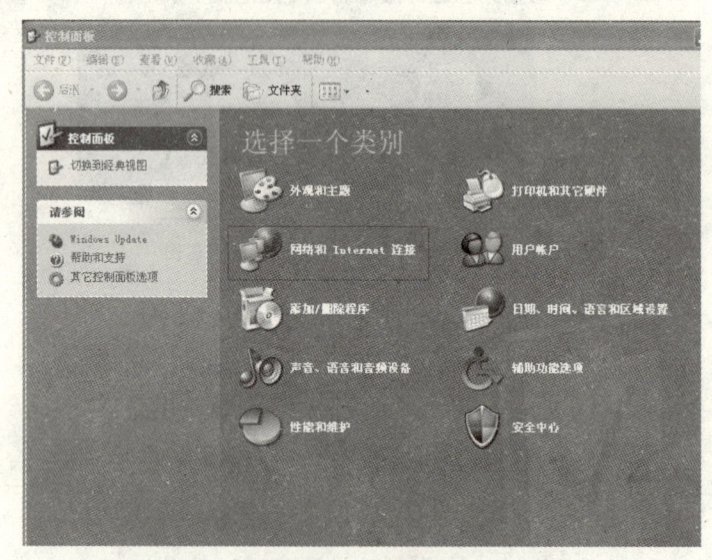

图 7-11 “控制面板”界面

点击打开“网络和 Internet 连接”，如图 7-12 所示。

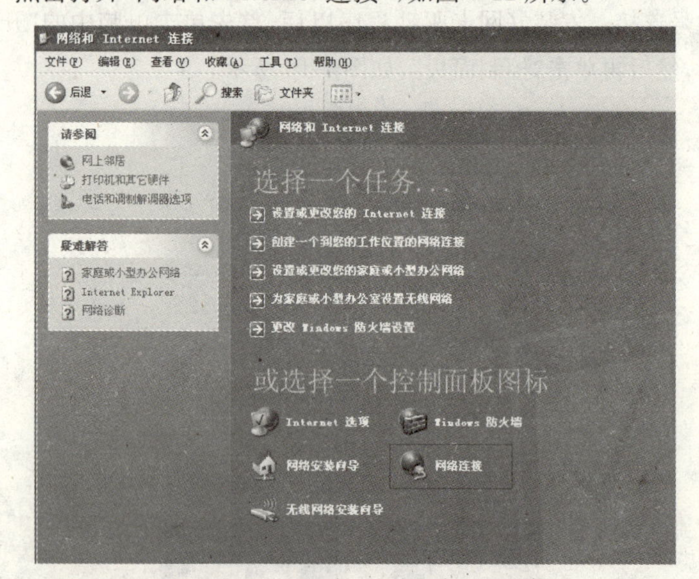

图 7-12 “网络和 Internet 连接”界面

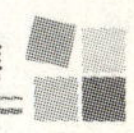

点击打开“网络连接”，进入如图 7-13 所示的界面。

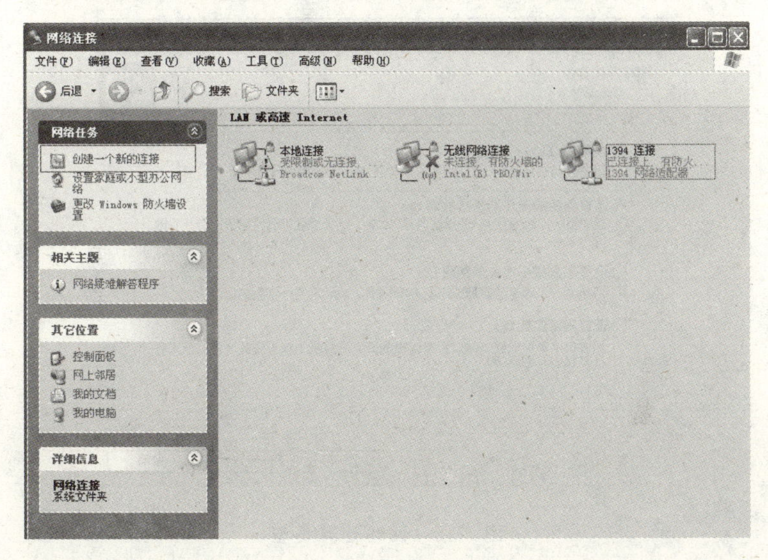

图 7-13　“网络连接”界面

点击左侧“网络任务”下的“创建一个新的连接”，进入如图 7-14 所示的界面。

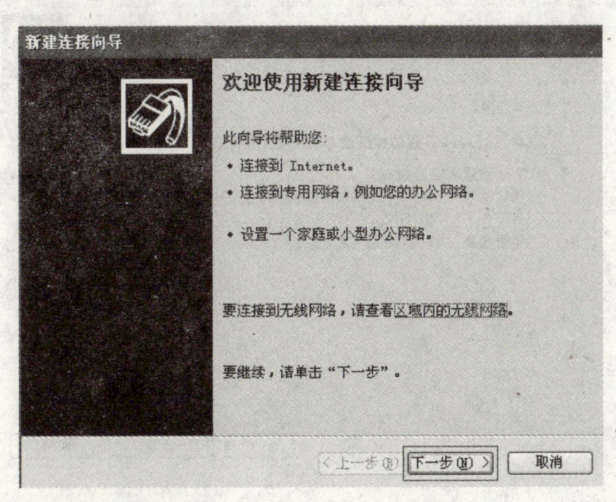

图 7-14　“新建连接向导”界面

点击“下一步(N)”，进入如图7-15所示的界面。

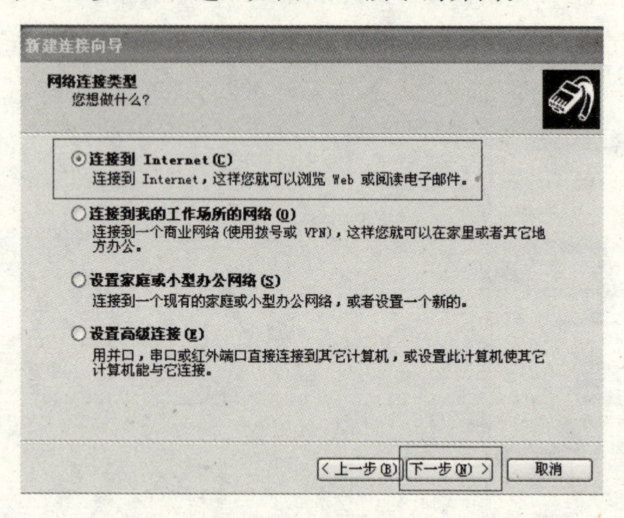

图7-15　网络连接类型

选择“连接到Internet(C)”，并单击“下一步(N)”，进入如图7-16所示的界面。

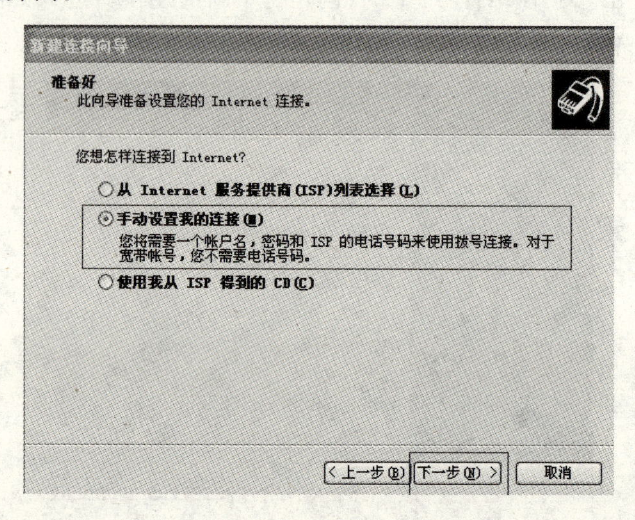

图7-16　设置Internet连接

选择“手动设置我的连接(M)”，并单击“下一步(N)”，进入如图7-17所示的界面。

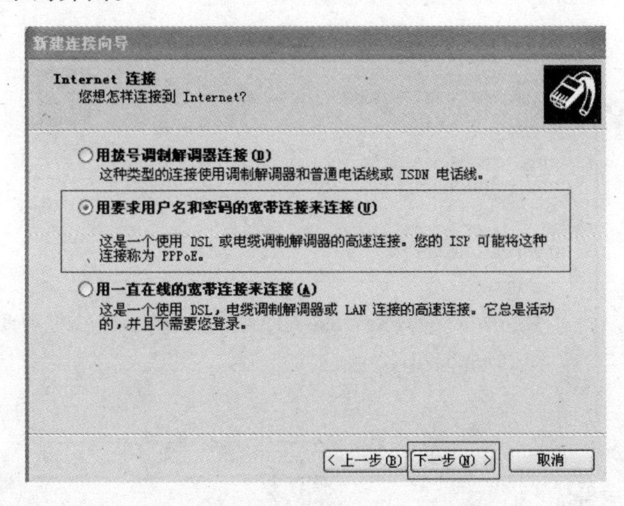

图 7-17　选择连接到 Internet 的方式

选择“用要求用户名和密码的宽带连接来连接(U)”，并单击“下一步(N)”，进入如图7-18所示的界面。

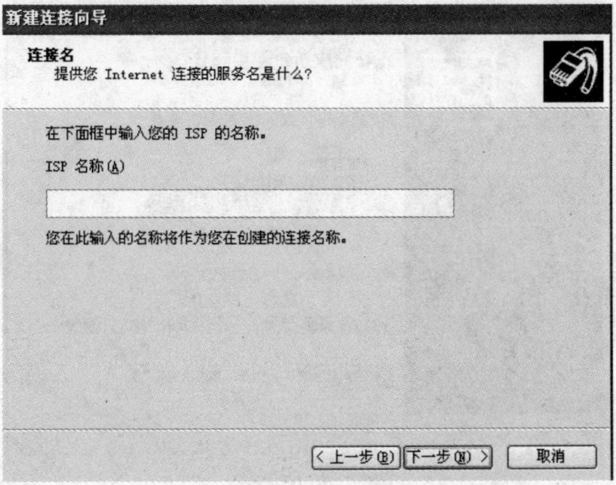

图 7-18　输入 ISP 名称

在“ISP 名称(A)”下面方框中填入任意的名称，单击“下一步(N)”，进入如图 7-19 所示的界面。

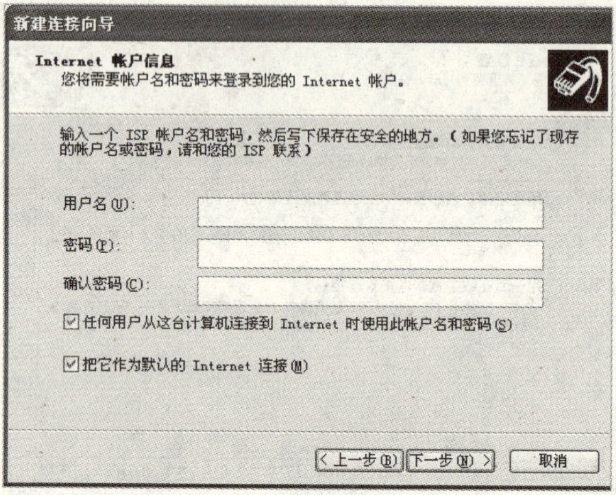

新建连接向导
Internet 帐户信息
您将需要帐户名和密码来登录到您的 Internet 帐户。
输入一个 ISP 帐户名和密码，然后写下保存在安全的地方。（如果您忘记了现存的帐户名或密码，请和您的 ISP 联系）
用户名(U):
密码(P):
确认密码(C):
任何用户从这台计算机连接到 Internet 时使用此帐户名和密码(S)
把它作为默认的 Internet 连接(M)
< 上一步(B)
下一步(N) >
取消

图 7-19 “用户名”和“密码”输入

“用户名”和“密码”是在办理宽带的时候由供应商提供的，正确填写好后单击“下一步(N)”，进入如图 7-20 所示的界面。

新建连接向导
正在完成新建连接向导
您已成功完成创建下列连接需要的步骤:
宽带连接
• 设置为默认连接
• 与此计算机上的所有用户共享
• 对每个人使用相同的用户名和密码
此连接将被存入“网络连接”文件夹。
在我的桌面上添加一个到此连接的快捷方式(S)
要创建此连接并关闭向导，单击“完成”。
< 上一步(B)
完成
取消

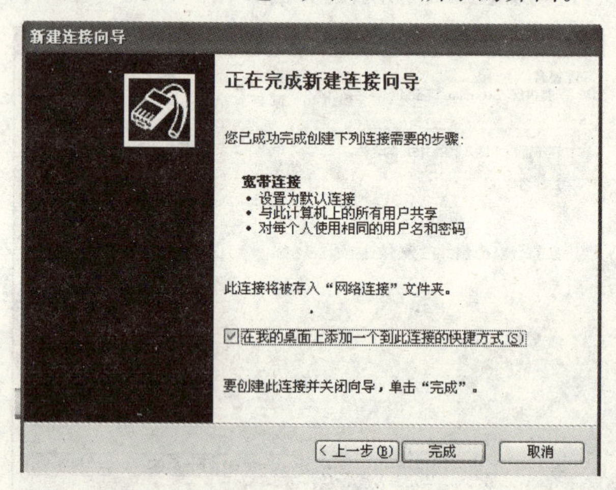

图 7-20 确认“完成”

若需要在桌面创建快捷方式，在方框内打钩，并单击“完成”按钮，会跳出如图 7-21 所示的界面。

图 7-21　“连接宽带连接”界面

输入正确的“用户名”和“密码”，单击“连接(C)”按钮，就设置成功，可以正常上网了。成功连接后，会看到屏幕右下角有两部电脑连接的图标。

三、特种农产品网上销售技巧

1. 学会上网浏览新闻和市场信息

农民朋友要想在网上销售，首先应学会在网上寻找和收集信息，只有通过网络了解市场行情，才能帮助销售做决策。所以，通过网络浏览各种相关的新闻和市场信息是第一步。

上网浏览信息的时候，先要打开一个浏览信息的工具，就是浏览器，这样就可以查看所有想看的信息。例如，要查看“安徽农网”上最近的农产品信息，就可以通过如下步骤来完成。

首先启动电脑，桌面如图 7-22 所示。

图 7-22　桌面

然后找到浏览器，如上图中Internet Explorer，即“Internet Explorer”（简称“IE浏览器”）图标，然后双击鼠标左键，出现如图 7-23 所示的界面。

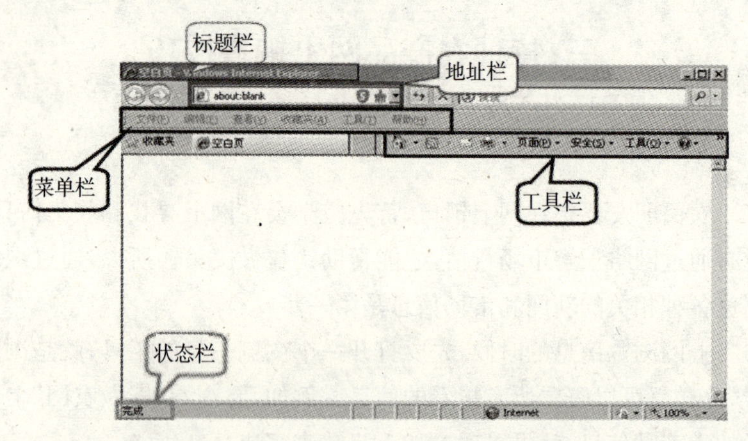

图 7-23　IE 浏览器界面

接着，在“地址栏”中输入网站网址，如“安徽农业网”，输入“http://www.ahnw.gov.cn”，如图7-24所示。

图7-24 在地址栏中输入网址

输入完毕后，单击图7-24中的➔符号（或者敲击键盘上的回车键），就可以打开链接到“安徽农网”了，如图7-25所示。

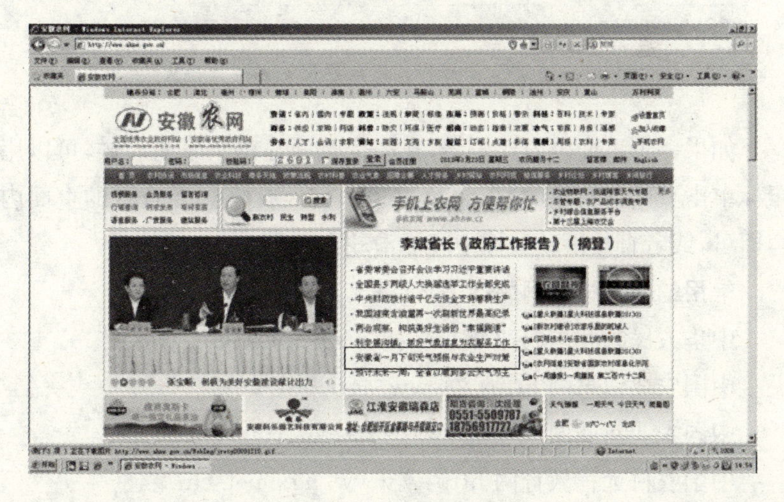

图7-25 “安徽农网”网站

如果想查看页面里面的每一个内容，只要将鼠标移动到想要打开的文字或者图片上，这时候鼠标的形状将会变为形状，单击鼠标左键，文字或者图片的内容就打开了。例如，如果要打开上述图片中的“安徽省一月下旬天气预报与农业生产对策”链接的具体内容，就可以将鼠标移动到“安徽省一月下旬天气预报与农业生产对策”这段文字上面，鼠标形状变为小手的形状时，单击鼠标左键，就可以打开里面的内容了，页面如图 7-26 所示。

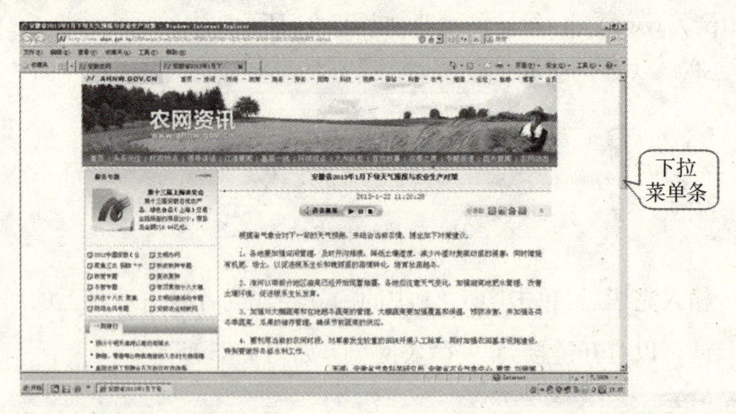

图 7-26 “安徽省一月下旬天气预报与农业生产对策”页面

如果一个页面内容比较多，在一个页面显示不下的时候，可以用鼠标单击页面最右边的“下拉菜单条”，按住拉至想要查看的页面内容即可，或者直接滚动鼠标中间的滑轮向下滚动。

常用的农业相关网站：

中华人民共和国农业部 http://www.moa.gov.cn/

中国农业信息网 http://www.agri.gov.cn/

中国农业新闻网 http://www.farmer.com.cn/

中国农村远程教育网 http://www.ngx.net.cn/

中国兴农网 http://www.xn121.com/

安徽省人民政府网 http://www.ah.gov.cn/

安徽农业信息网 http://www.ahny.gov.cn/

安徽农机化网 http://www.ahnjh.gov.cn/

安徽省农技推广网 http://www.ahnjtg.com/

安徽省畜牧兽医网 http://www.ahxmshy.com/

安徽省种植业网 http://www.ahzzyw.com/

安徽渔业网 http://yyj.ahny.gov.cn/

安徽气象网 http：//www. ahqx. gov. cn/

安徽农民专业合作社网 http：//www. ahhzs. com/

安徽农网 http：//www. ahnw. gov. cn/

安徽网上供销社 http：//www. coop100. com/

安徽农业招商网 http：//www. ahnw. gov. cn/web/ahzs/

农业知网 http：//www. cnak. net/

茶网·中国 http：//tea. ahnw. gov. cn/

安徽省绿色食品网 http：//www. ahgreenfood. com/

中国气象科普网 http：//www. qxkp. net/

常用的其他网站：

阿里巴巴 http：//alibaba. com. cn/

淘宝网 http：//www. taobao. com/

京东网上商城 http：//www. 360buy. com/

百度 http：//www. baidu. com/

新浪 http：//www. sina. com/

搜狐 http：//www. sohu. com/

新华网 http：//www. xinhuanet. com/

人民网 http：//www. people. com. cn/

腾讯 http：//www. qq. com/

苏宁易购 http：//www. suning. com/

好 123 http：//www. hao123. com/

中国铁路客户服务中心 http：//www. 12306. cn/

中国农业银行 http：//www. abchina. com. cn/

中国工商银行 http：//www. icbc. com. cn

优酷网 http：//www. youku. com/

央视网 http：//www. cntv. cn/

中关村在线 http：//www. zol. com. cn/

安徽网络电视台 http://www.ahtv.cn/

安徽移动网上营业厅 http://ah.10086.cn/

安徽电信网上营业厅 http://ah.189.cn/

2.学会上网搜索所需信息

如果不知道“安徽农网”的网址，又希望能够打开“安徽农网”，可以通过上网搜索的形式找到网址。

(1)利用IE浏览器自带的“搜索”功能 打开IE浏览器后，在IE浏览器窗口的地址栏中输入关键字，如“安徽农网”，按回车键，或者点击，如图7-27所示。

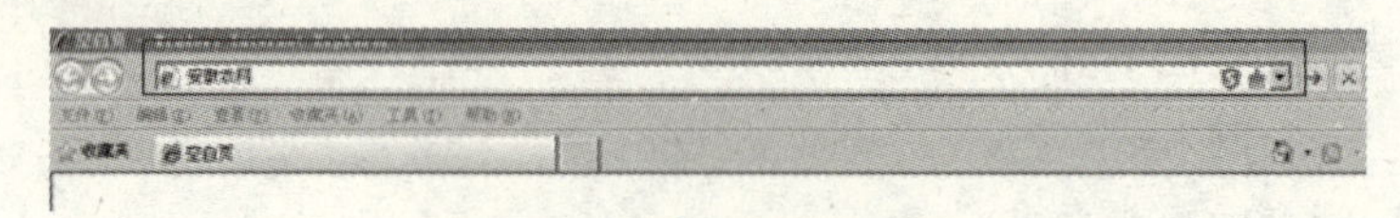

图7-27 输入“安徽农网”

搜索后，可以得到丰富的网页搜索结果，如图7-28所示。

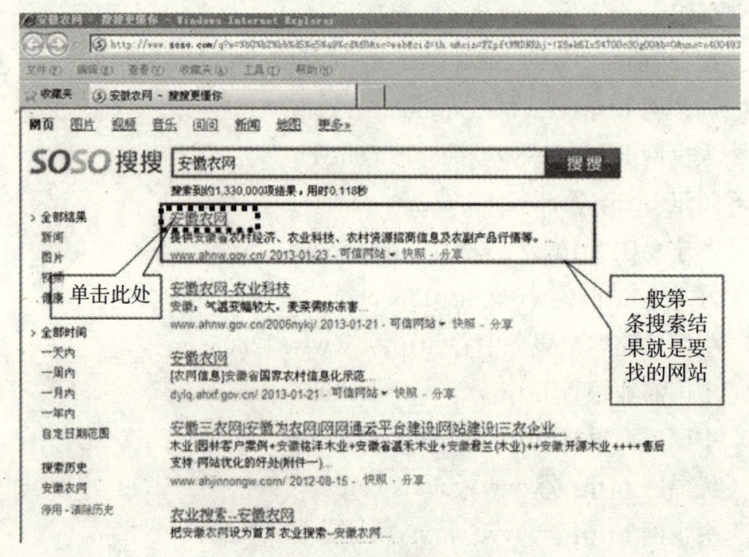

图7-28 搜索结果页面

然后在搜索结果中，找到需要的网站直接点击鼠标左键，即可打开。如图 7-28 中，方框内安徽农网四字，单击鼠标左键即可打开“安徽农网”网站。

(2)利用搜索引擎网站　先进入搜索引擎网站，在搜索框内输入关键词，单击“搜索”按钮，就会得到与关键词相关的搜索结果，然后找到需要的网站再进去。搜索引擎网站中最常用的就是百度网站，下面以百度网站搜索“安徽农网”为例进行介绍。

首先，打开 IE 浏览器，在 IE 浏览器窗口的地址栏中输入百度的网址“http://www.baidu.com”，按回车键，或者点击，就可以打开百度主页，如图 7-29 所示。

图 7-29　百度页面

在搜索栏内输入“安徽农网”，然后用鼠标左键点击“百度一下”四个字，如图 7-30 所示。

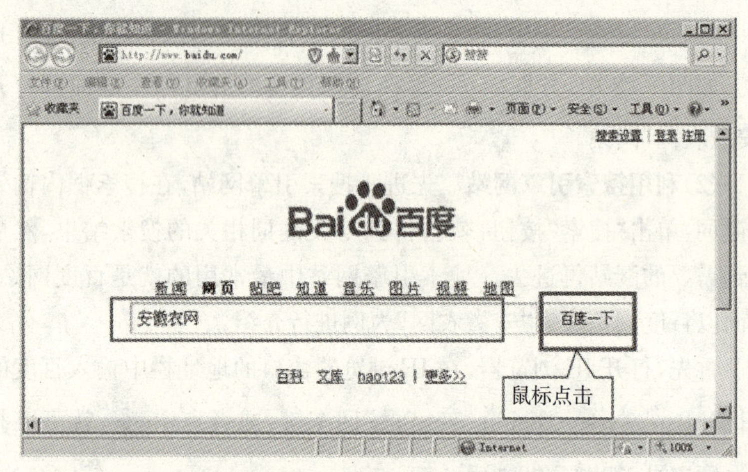

图 7-30 百度搜索"安徽农网"

搜索引擎网站开始搜索，然后出现搜索的相关结果。找到需要的网站，如图 7-31 所示，用鼠标左键单击第一个搜搜索结果"安徽农网"四字就可打开需要的网站了。

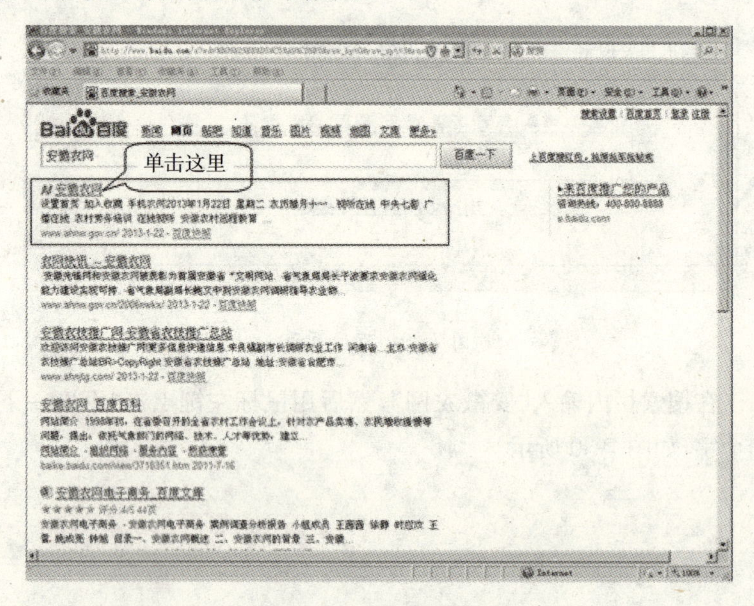

图 7-31 百度搜索结果页面

3.学会网上发布信息

农民朋友在利用网络销售时，要学会通过网络将特种农产品信息发布出去。网上发布信息的渠道和途径非常多，可以在相关网站、论坛、博客、微博等发布免费或者收费的信息。阿里巴巴是网上做生意的重要网站之一。现以在该网站免费发布信息为例，来介绍网上信息发布的过程。

(1)注册账号

①打开 IE 浏览器，在 IE 浏览器窗口的地址栏中输入“http://china.alibaba.com”，然后按回车键，进入阿里巴巴首页，点击“免费注册”，可以注册成为会员，如图 7-32 所示。

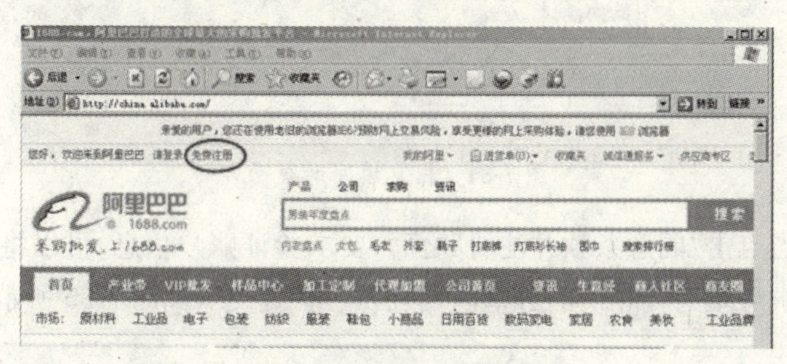

图 7-32　阿里巴巴页面

②进入页面，填写注册信息，如图 7-33 所示。

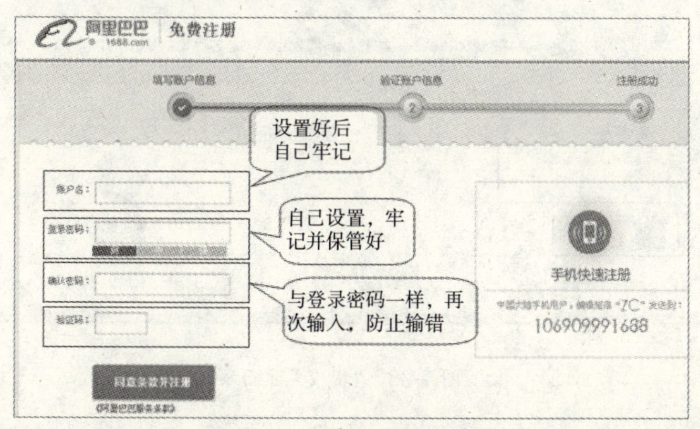

图 7-33　免费注册信息填写

如图 7-34 所示，设置好后，就可以用鼠标左键单击“同意条款并注册”，如图 7-34 所示。

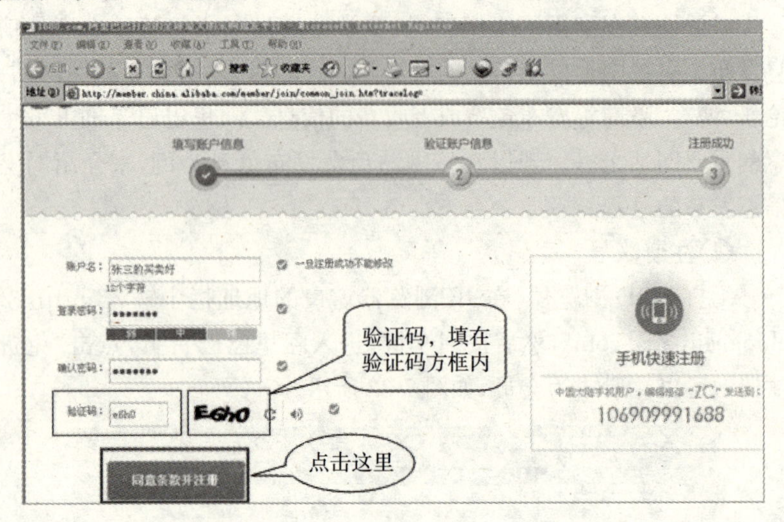

图 7-34　信息填写的页面

当点击“同意条款并注册”之后，要求验证账户信息，可以将自己的手机号填写在相应的方框内，然后点击“提交”，如图 7-35 所示。

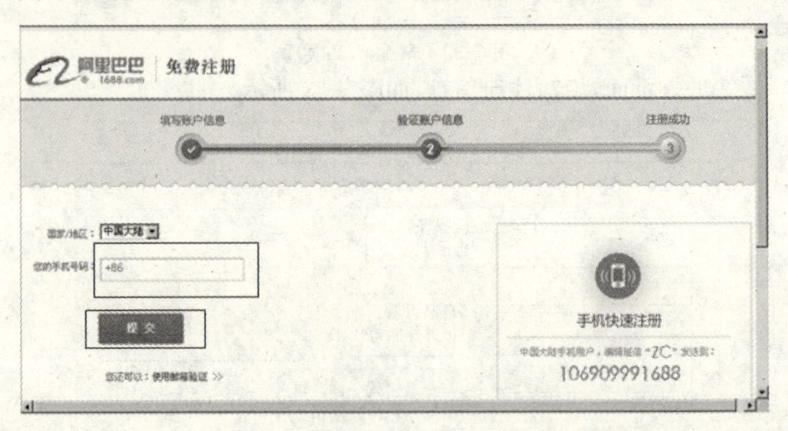

图 7-35　“提交”页面

提交后，会出现一个对话框，要求提供发送到自己手机上的验证码，将手机收到的6位数字的验证码输入后，点击验证，如图7-36所示。

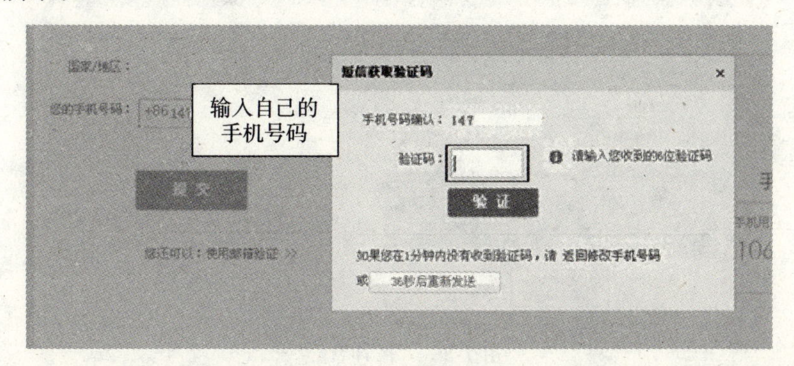

图7-36　手机号码验证

然后再输入邮箱账号，点击“获取验证码”后，将邮箱中收到的验证码输入，完成验证后，点击“立即注册”，如图7-37所示。

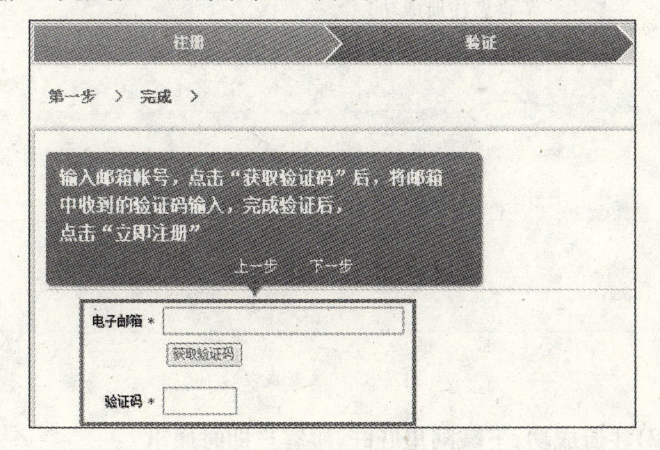

图7-37　电子邮箱验证

注册成功后，要补充联系信息，准确详细填写后，点击“保存”按钮，这样注册就基本完成了，如图 7-38、7-39 所示。

图 7-38 “保存”信息

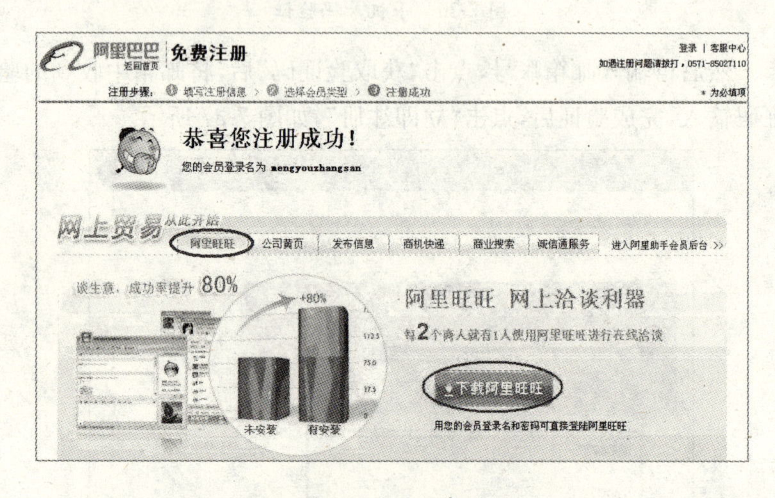

图 7-39 注册成功

(2)注册成功，下载阿里旺旺，跟客户即时通讯

①将阿里旺旺下载并安装成功后，启动阿里旺旺。在登录界面中的账号类型，选择“阿里巴巴中国站”登录，如图 7-40 所示。

图 7-40　阿里旺旺登录界面

②登录成功后，单击头像，如图 7-41 所示。

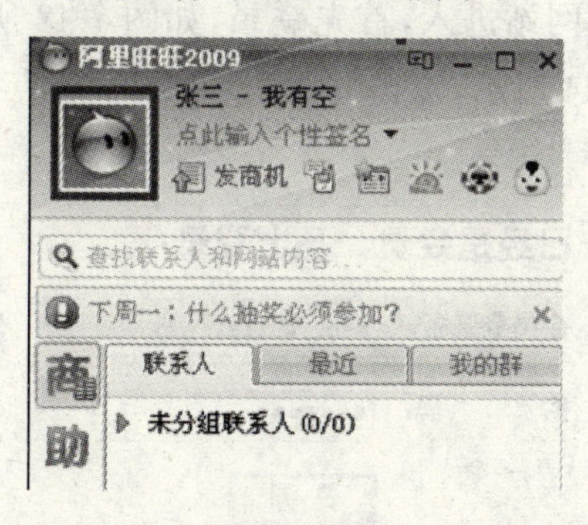

图 7-41　登录阿里旺旺成功界面

③弹出如图 7-42 所示的窗口,点击“立即绑定旺号”,绑定后,以后就可以用旺号登录了。

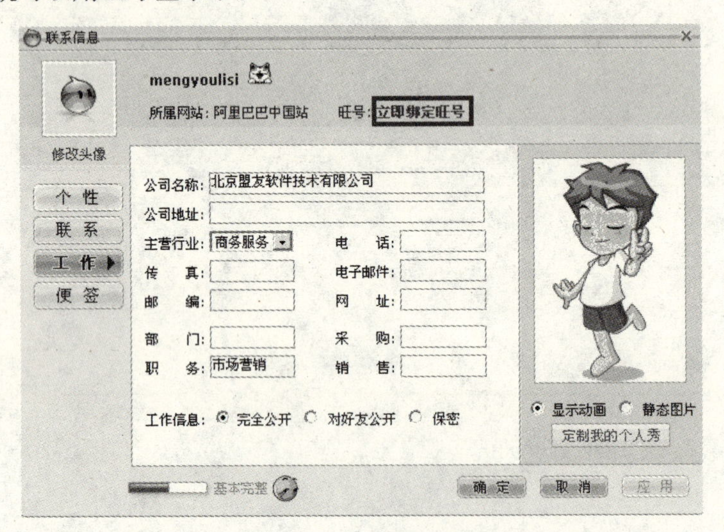

图 7-42 联系信息设置

到这里,就完成了阿里巴巴的注册和阿里旺旺的登录。阿里旺旺是阿里巴巴的通讯工具,是一个即时聊天软件,要学会使用。

(3)供求信息的发布和管理

供求消息的管理是在后台执行的,有两种方式进入后台。

第一种,通过网站进入,首先登录,如图 7-43 所示。登录后,网页最上方如图 7-44 所示,点击“阿里助手”(不要点下拉框,点“阿里助手”这四个字)

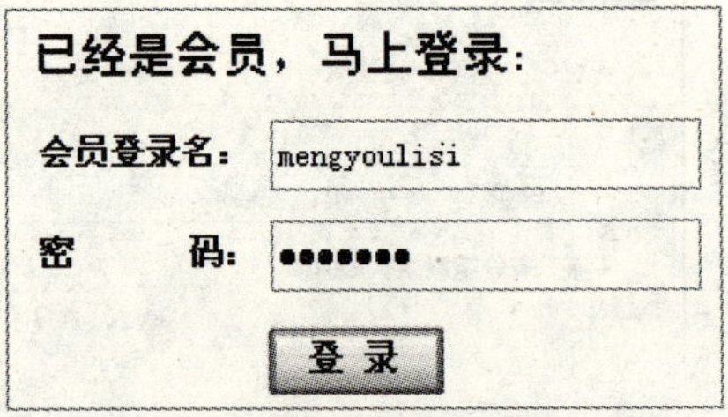

已经是会员,马上登录:

会员登录名: mengyoulisi

密 码: •••••••

登 录

图 7-43 登录界面

然后进入阿里巴巴后台管理的页面，对供求信息的发布及管理将全部在后台管理页面中进行。

图 7-44　“阿里助手”

第一次进去后，会提醒未通过验证，如图 7-45 所示，单击“点此验证”，然后会跳转到图 7-46 所示页面，单击“点此立即查收验证信”，会跳转到自己的邮箱。登录邮箱后，会收到阿里巴巴发的邮件，如图 7-47 所示。

重要操作提醒

您的帐号还未通过验证，无法收到客户的任何反馈　点此验证

图 7-45　重要操作提醒

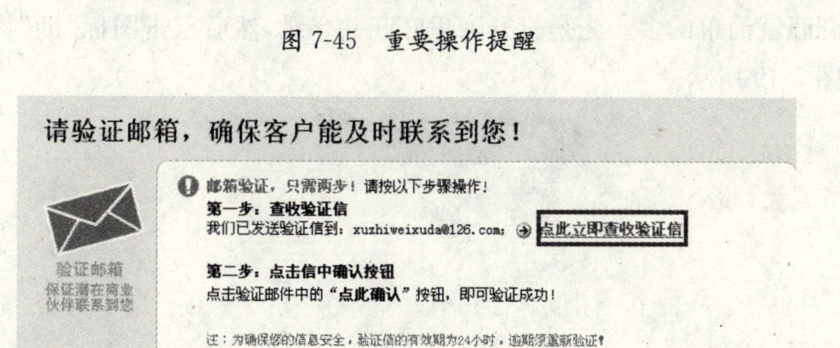

图 7-46　邮箱验证

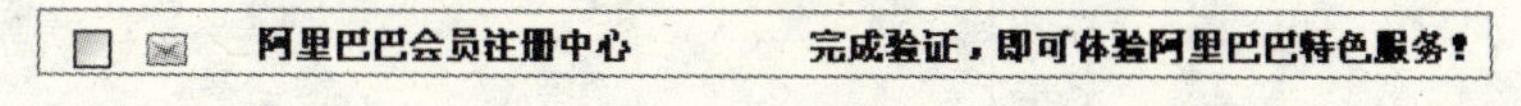

图 7-47　阿里巴巴邮件

打开邮件，如图 7-48 所示，点击“点此确认”，然后关闭。

确认验证后，再回到阿里助手后台管理的页面，刷新一下，就可以进入阿里助手后台管理页面。

尊敬的张三：

感谢您使用阿里巴巴！（您的会员登录名：mengyoulisi）

您填写的邮箱：xuzhiweixuda@126.com还未通过验证！

请确认此邮箱是您本人使用，
以保证潜在的商业伙伴联系到您！

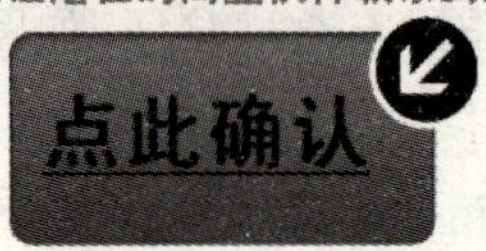

图 7-48　确认邮件

第二种，通过阿里旺旺进入后台管理页面，相比网页进入，阿里旺旺就简单的多。先是打开阿里旺旺并登录，然后点击图标“助”，如图 7-49 所示。

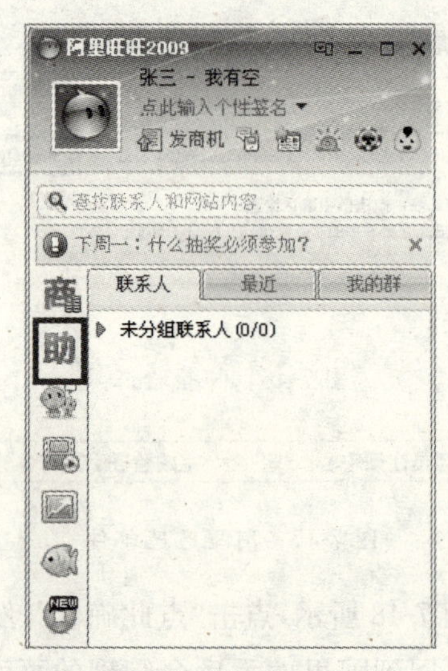

图 7-49　阿里旺旺界面

弹出如图 7-50 所示的窗口，点“阿里助手”，即可登录到阿里助手的后台管理页面。

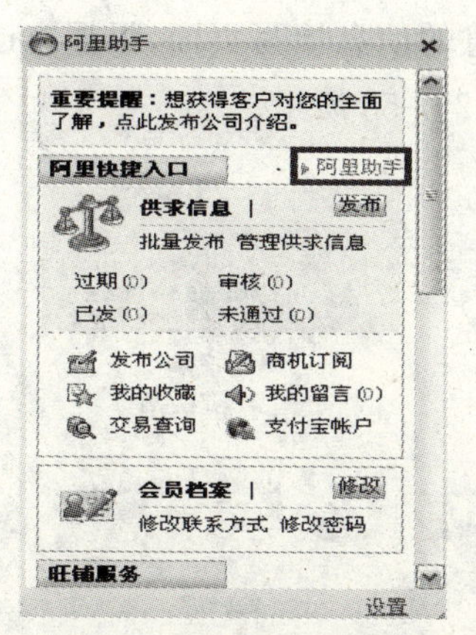

图 7-50　“阿里助手”界面

进入阿里助手后台管理页面后，页面左边会看到树形导航栏（如图 7-51 所示）。

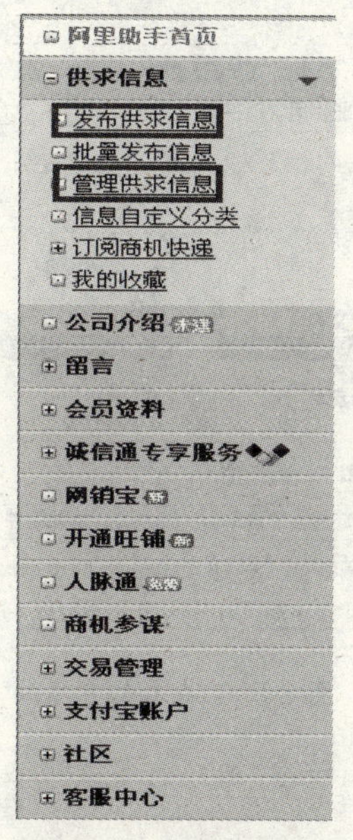

图 7-51　树形导航栏

供求信息中,可以找到发布供求消息和管理供求消息。单击发布供求消息,会跳转到发布供求消息的页面,然后选择第一项“产品信息”,进入产品信息的信息填写页面,根据自己的产品将基本信息填写完整。如图 7-52、7-53 所示。

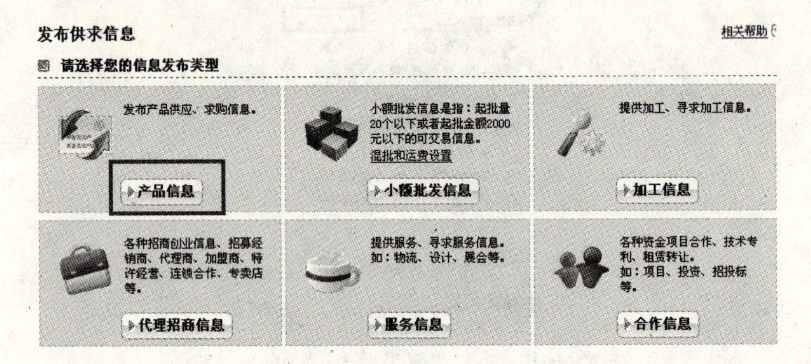

图 7-52　发布供求信息

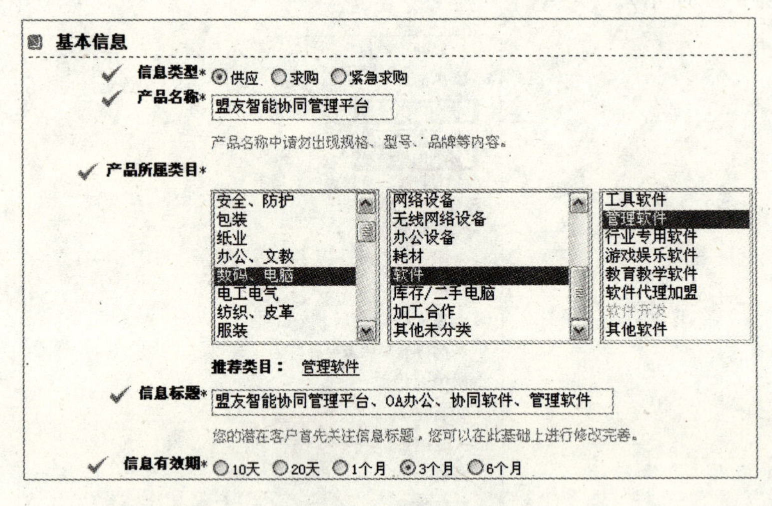

图 7-53　基本信息填写

填写好基本信息后，再填写详细信息，信息填写越详细越有利于销售。如图 7-54 所示。

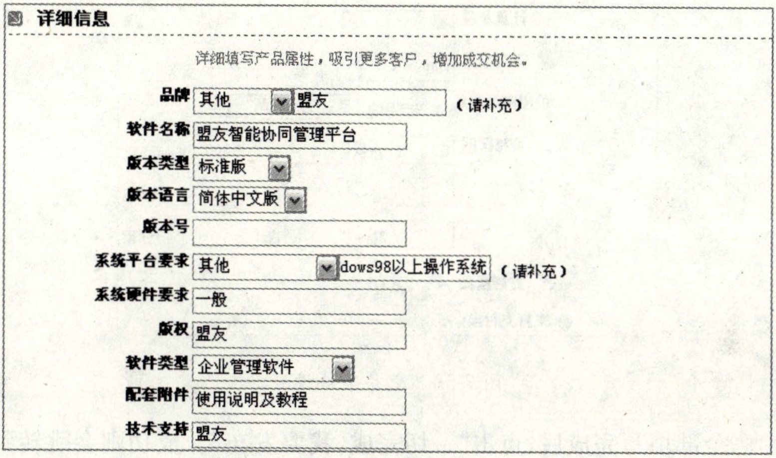

详细信息

详细填写产品属性，吸引更多客户，增加成交机会。

品牌	其他 盟友（请补充）
软件名称	盟友智能协同管理平台
版本类型	标准版
版本语言	简体中文版
版本号	
系统平台要求	其他 dows98以上操作系统（请补充）
系统硬件要求	一般
版权	盟友
软件类型	企业管理软件
配套附件	使用说明及教程
技术支持	盟友

图 7-54　详细信息填写

然后就是上传图片，根据自己事先准备的图片，选择后点击“上传”即可。如图 7-55 所示。

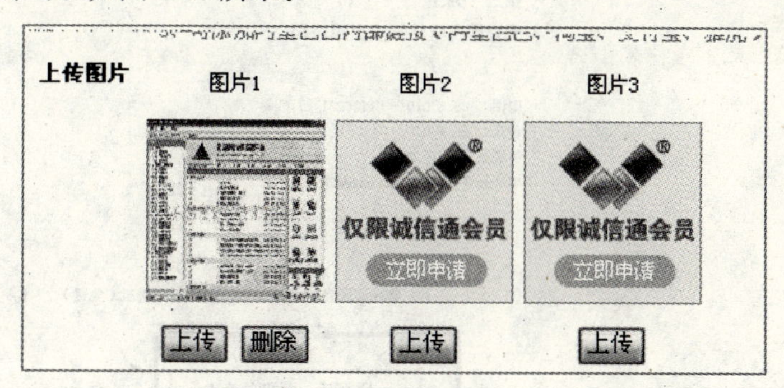

图 7-55　上传图片

接着，设置好交易条件。如图 7-56 所示。

交易条件

计量单位 套

供货总量 100 套

供应商类型* 我是该产品的 自主生产厂商

价格区间 1 套～ 套：5000.00 元/套

套～ 套： 元/套

套～ 套： 元/套

支持混批 是 否

支持支付宝* 是 否

图 7-56　交易条件设置

全部填写完成后，点击“一切完成，我要发布”。成功则会跳转到成功页面。如图 7-57、7-58 所示。

联系方式的确认与修改

请确认您的联系方式，如有误将无法通过审核！点此修改

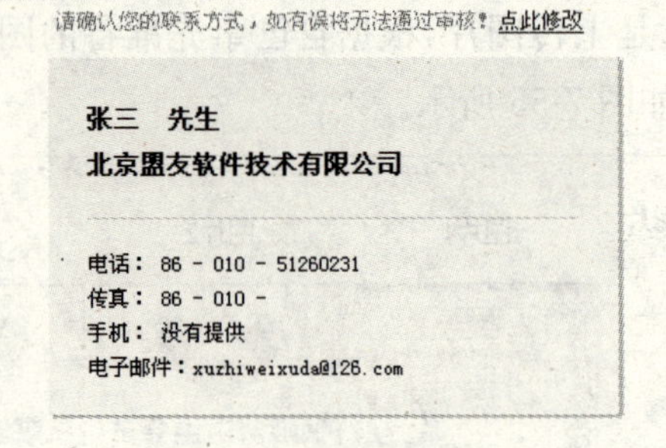

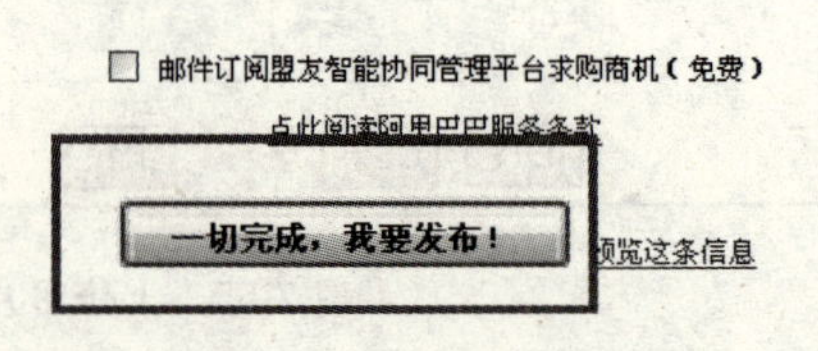

图 7-57　联系方式的确认与修改

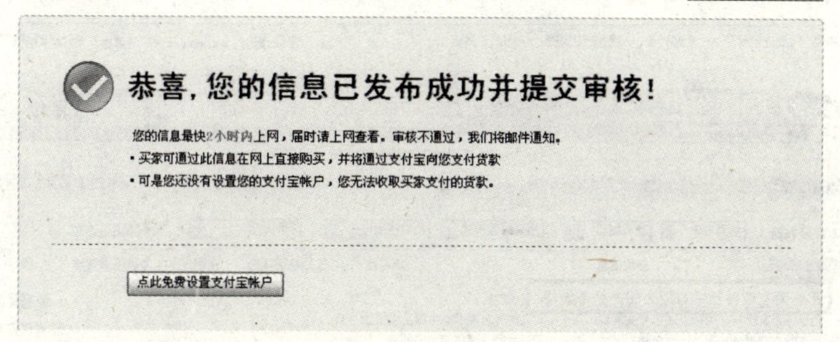

图 7-58　成功页面

特别提示：发布的消息不能重复，重复无法发布，把标题做下稍微的改动即可，如下图 7-59 所示，关键字可以写“OA 办公”、“管理软件”等。

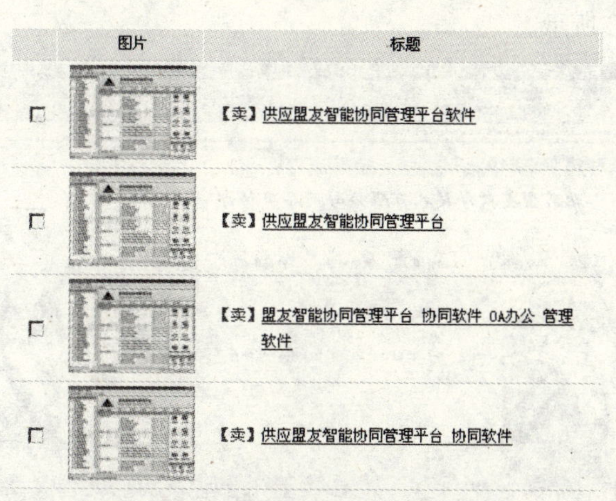

图 7-59　管理供求信息页面

在阿里巴巴助手管理页面最上方的搜索栏搜索，搜索公司“北京盟友软件技术有限公司市场部”。如图 7-60 所示。

图 7-60　搜索“北京盟友软件技术有限公司市场部”

跳转到搜索结果页面，找到如下信息，如图 7-61 所示。

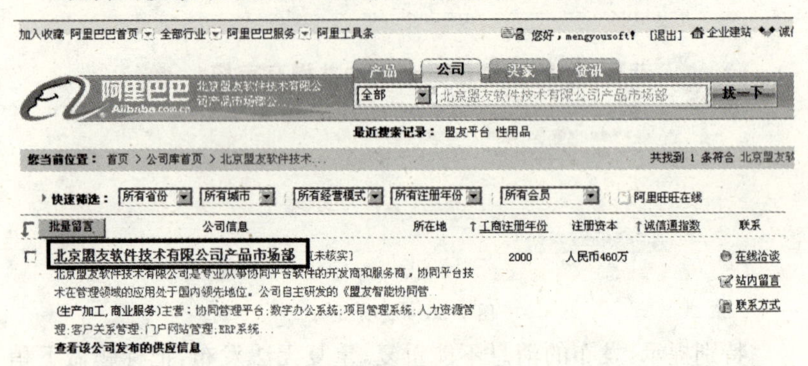

图 7-61　搜索结果页面

从这里进入公司在阿里巴巴的主页，里边有详细的产品说明。如图 7-62 所示。

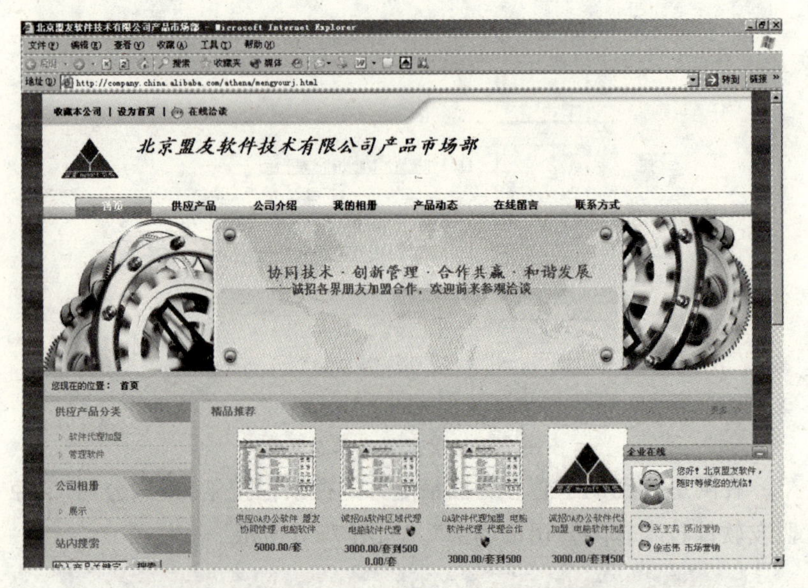

图 7-62　"北京盟友软件技术有限公司产品市场部"页面

左上角有"收藏本公司"，点击收藏，以后公司的产品信息都会在此页面发布，以便及时更新。到阿里巴巴助手管理页面可以查看"我

的收藏”。如图 7-63、7-64 所示。

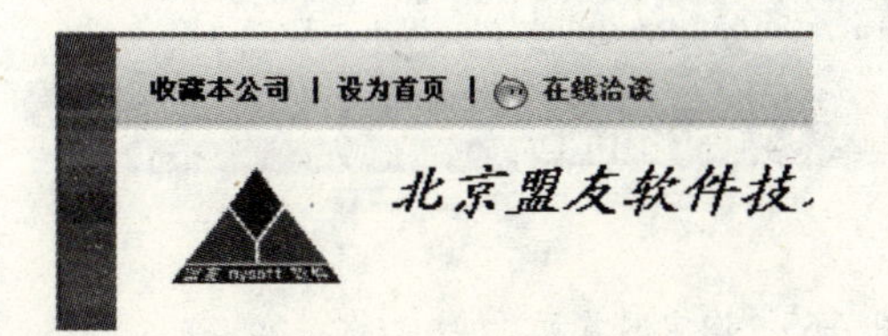

图 7-63　收藏页面

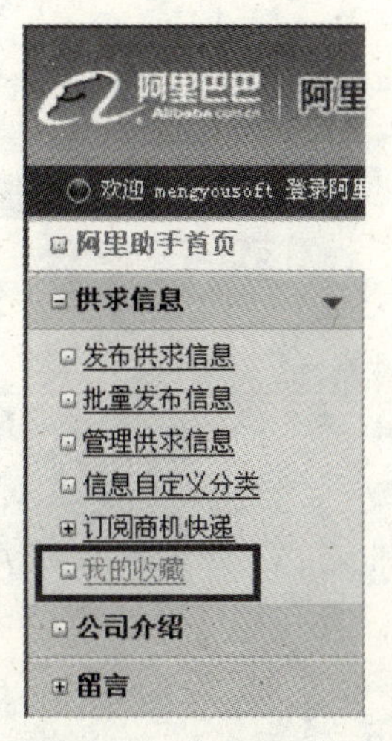

图 7-64　“我的收藏”

4.学会在网上开店及销售产品

上面介绍了如何在网上发布产品信息，特别是在阿里巴巴网站上发布产品信息。在阿里巴巴上通过阿里旺旺也可以直接进行产品交易的买卖活动。除此之外，网上销售常见的一种方式就是通过淘宝网开设免费店铺进行产品销售。下面将介绍注册淘宝网账号、开设店铺、产品摆上货架等。

淘宝网上开店的流程一般首先是账户注册，注册成功后通过实名认证就具备当卖家卖东西的资格。在淘宝网发布 10 件及以上的物品（网上称为“宝贝”），就可以申请开店铺销售产品了。

(1)账户注册

①淘宝注册账户就像现实中的营业执照，必须要有账户才能在淘宝上开店。

打开 IE 浏览器后，在 IE 浏览器窗口的地址栏中输入“http://www.taobao.com”，按回车键，进入淘宝网首页，点击“免费注册”可以注册成为会员。如图 7-65 所示。

图 7-65　淘宝网首页

②点击“免费注册”后，按要求填写会员名、登录密码、确认密码、验证码等信息后，单击“同意以下协议并注册”按钮。如图 7-66 所示。

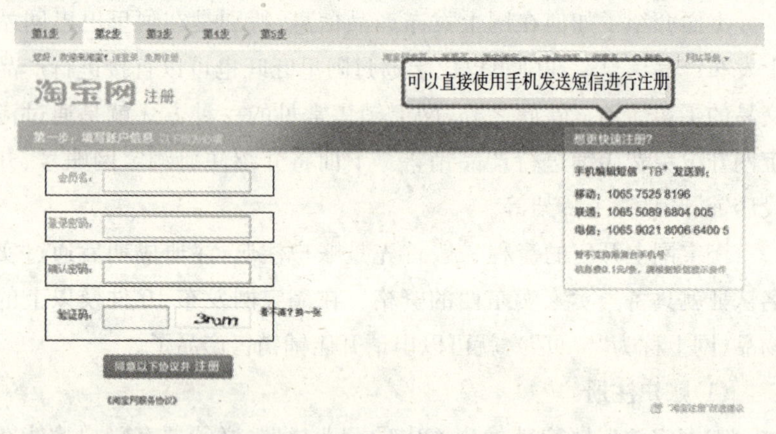

图 7-66　填写账户信息

③按要求输入手机号码。如图 7-67 所示。

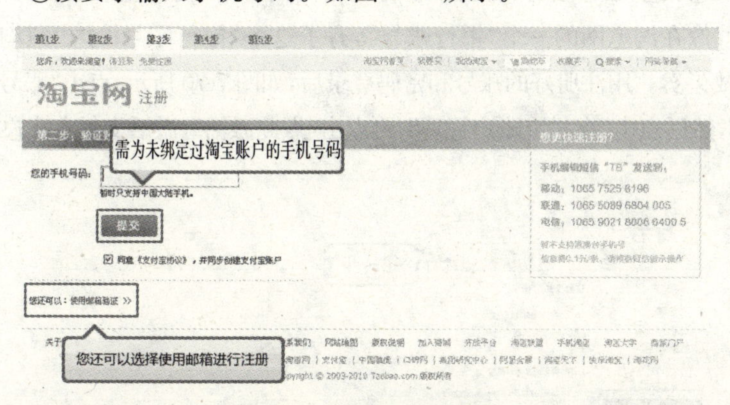

图 7-67　输入手机号码

④输入手机号码后，手机会收到淘宝网发到手机上的校验码，将校验码输入后，点击“验证”。如图 7-68 所示。

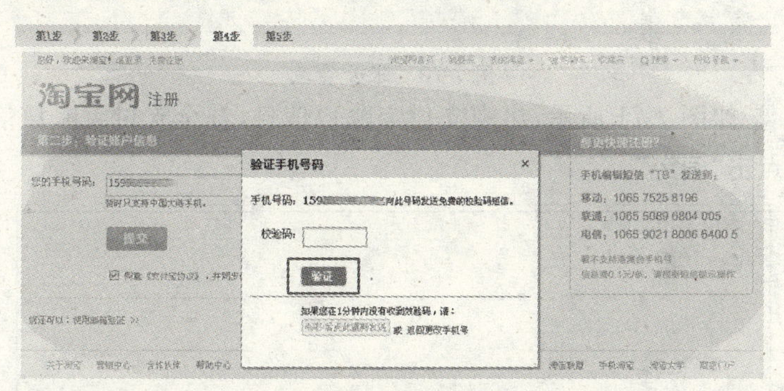

图 7-68　验证手机号码

⑤完成上述步骤后，淘宝账号就注册成功了。如图 7-69 所示。

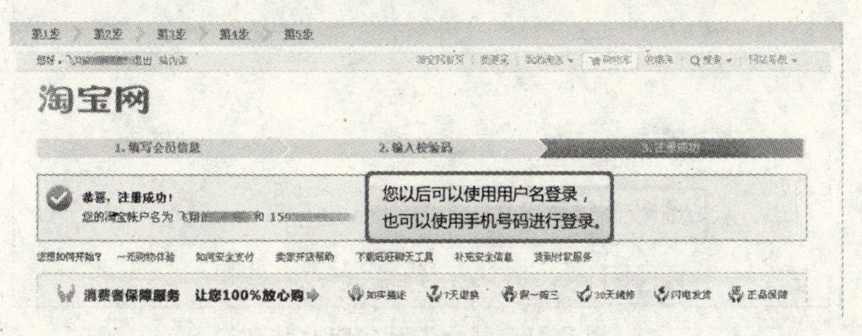

图 7-69　注册成功

⑥淘宝账号注册成功后，同时也将得到一个“支付宝”账号。支付宝就像在淘宝网的一个“银行账号”，有了这个“银行账号”才能到淘宝上做买卖。用注册好的账号和密码登录后，如图 7-70 所示，点击“账号管理”，然后点击“支付宝账户管理”，再点击“点此激活”，激活支付宝账户。

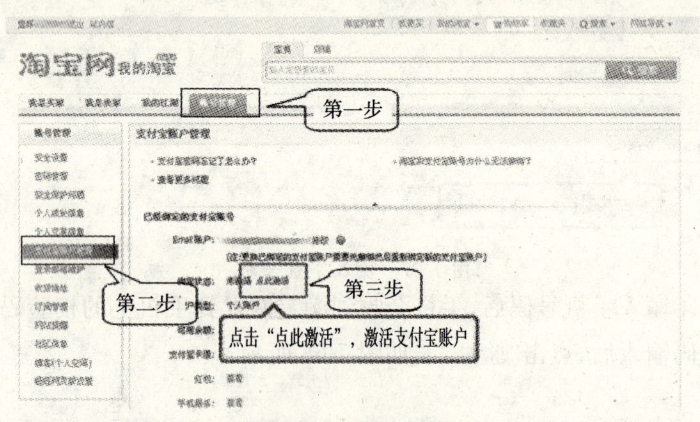

图 7-70　账号管理

⑦如图 7-71 所示，出现支付宝账户信息，补全支付宝账户信息后，点击“确定”。

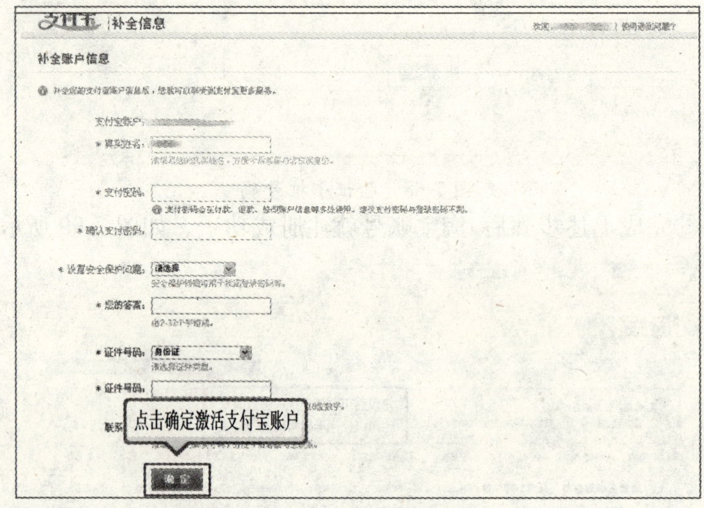

图 7-71　补全支付宝账户信息

⑧支付宝账户激活成功，如图7-72所示。

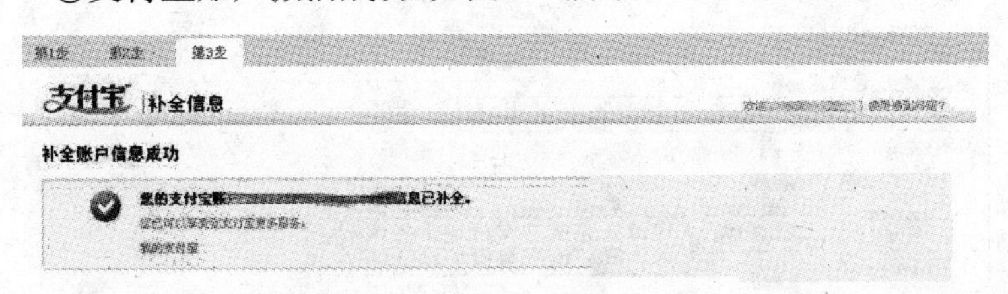

图 7-72　补全账户信息成功

(2)开设店铺前的开店认证

①登录淘宝账号后，点击“卖家中心”，进入“卖家中心”，如图7-73所示。

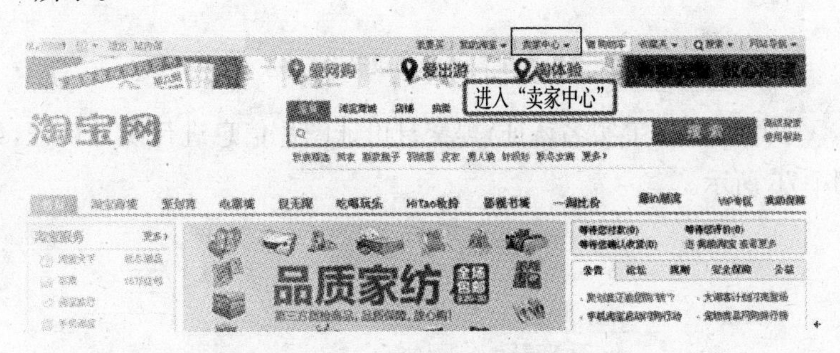

图 7-73　进入“卖家中心”

②选择店铺管理下面的“我要开店”后，选择“免费开店”，如图7-74所示。

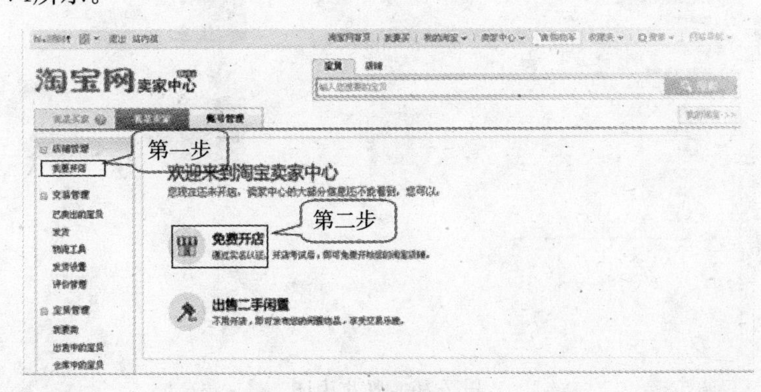

图 7-74　免费开店

③点击"开设认证",如图 7-75 所示。

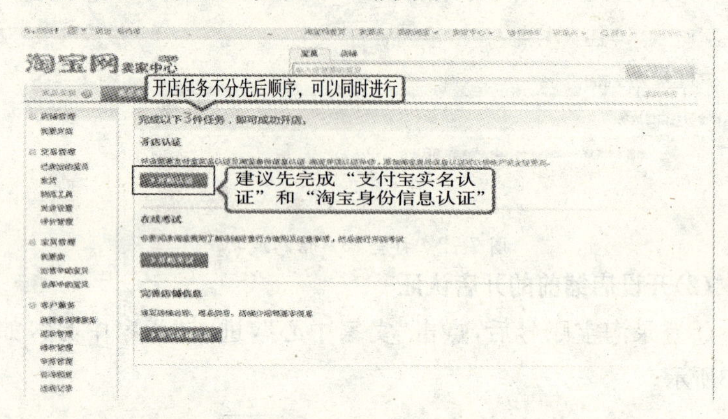

图 7-75　开设认证

④进行支付宝实名认证,提交身份证图片信息进行照片认证,如图 7-76 所示。

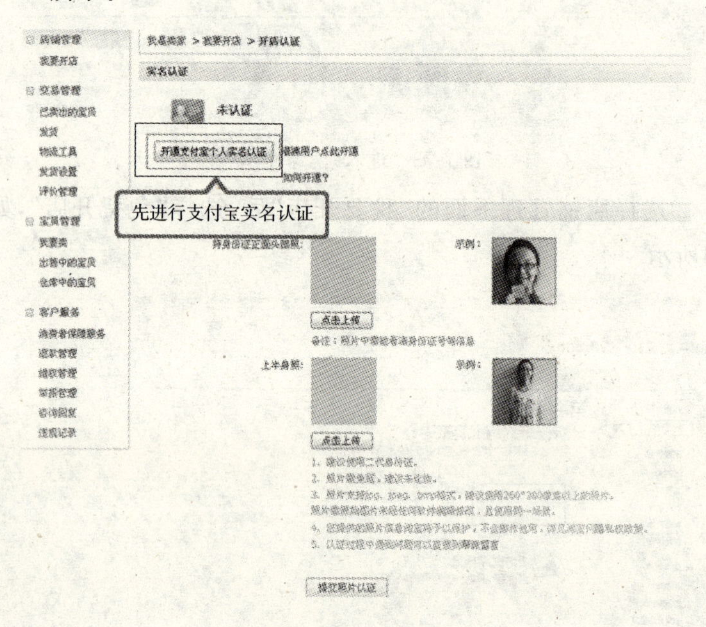

图 7-76　照片认证

⑤进行“银行汇款认证”,如图 7-77 所示。

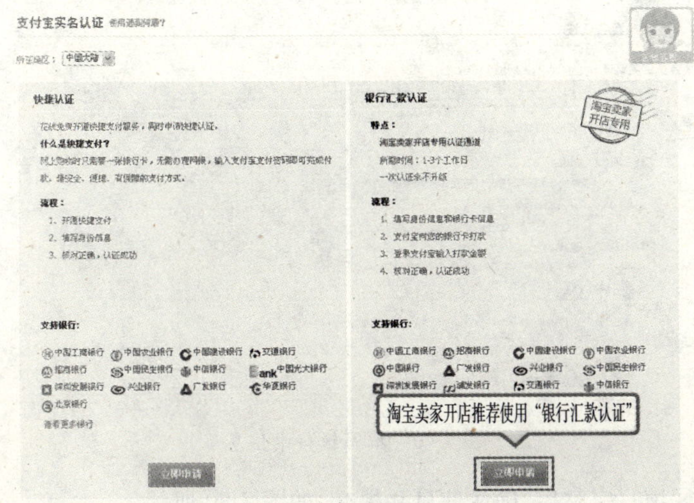

图 7-77　银行汇款认证

⑥填写个人信息并上传身份证照片,如图 7-78 所示。

大陆会员实名认证

1.填写个人信息　2.填写银行卡信息　3.确认信息　4.填写打入卡内的金额

帐户名：[illegible]@yahoo.com.cn

＊真实姓名：

＊身份证号码：

＊联系方式：

如：0571-88156688-0571，分机号码可不填写。

＊身份证类型：二代身份证　一代身份证　临时身份证

＊身份证图片正面：点击上传

＊身份证图片反面：点击上传

＊身份证到期时间：　长期[?]

填写个人信息及上传身份证原件扫描件或数码照片

看不清，换一张

下一步

图 7-78　填写个人信息

⑦填写银行卡信息，如图 7-79 所示。

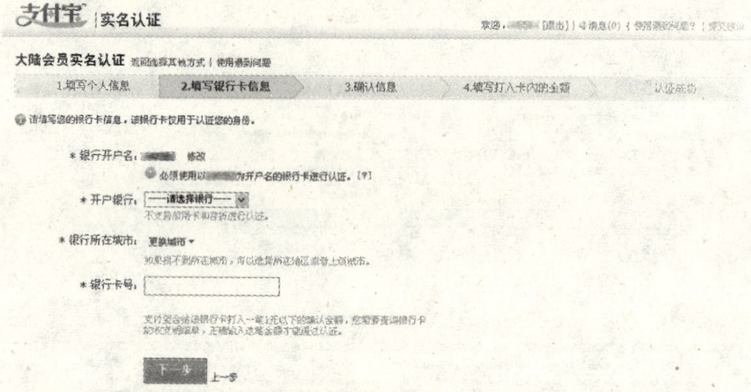

支付宝 | 实名认证

大陆会员实名认证

1.填写个人信息　2.填写银行卡信息　3.确认信息　4.填写打入卡内的金额　认证成功

请填写您的银行卡信息，该银行卡仅用于认证您的身份。

* 银行开户名：　修改

* 开户银行：----请选择银行----

* 银行所在城市：更换城市

* 银行卡号：

下一步　上一步

图 7-79　填写银行卡信息

⑧填写完整后，确认信息并提交，如图 7-80 所示。

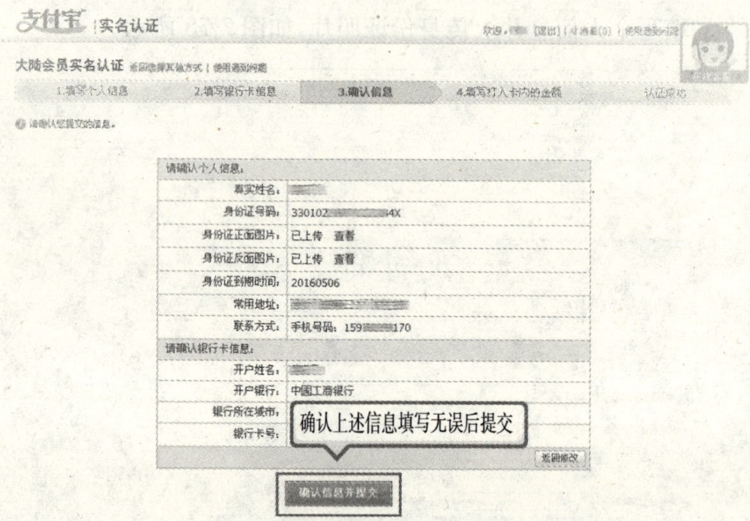

支付宝 | 实名认证

大陆会员实名认证

1.填写个人信息　2.填写银行卡信息　3.确认信息　4.填写打入卡内的金额　认证成功

请确认您提交的信息。

请确认个人信息：	
真实姓名：	
身份证号码：	330102　4X
身份证正面图片：	已上传　查看
身份证反面图片：	已上传　查看
身份证到期时间：	20160506
常用地址：	
联系方式：	手机号码：159　170
请确认银行卡信息：	
开户姓名：	
开户银行：	中国工商银行
银行所在城市：	
银行卡号：	

返回修改

确认上述信息填写无误后提交

确认信息并提交

图 7-80　确认信息并提交

⑨提交认证信息，如图 7-81 所示。

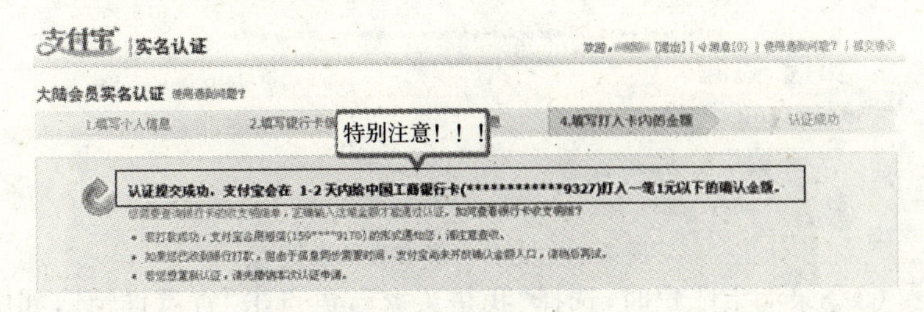

图 7-81　认证成功

⑩查询银行卡内金额，点击“输入打款金额”，如图 7-82 所示。

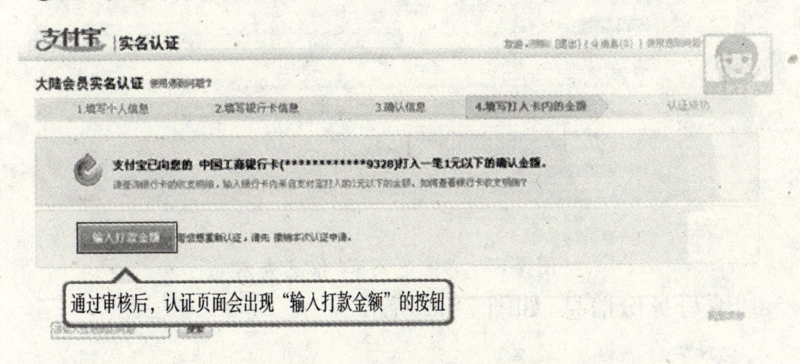

图 7-82　查询银行卡内金额

⑪输入相应金额信息，点击“确认”，如图 7-83 所示。

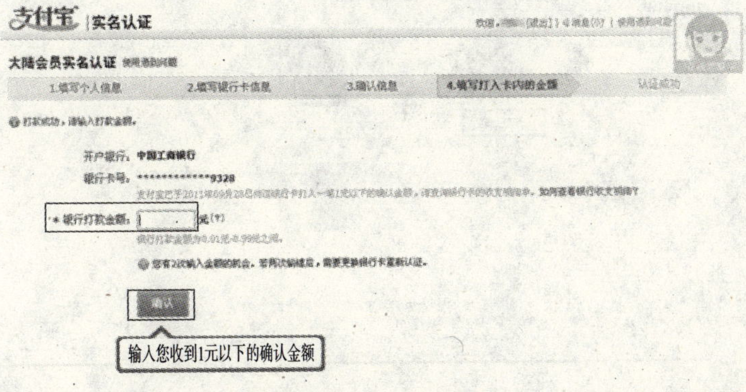

图 7-83　确认金额

⑫完成支付宝实名认证，如图 7-84 所示。

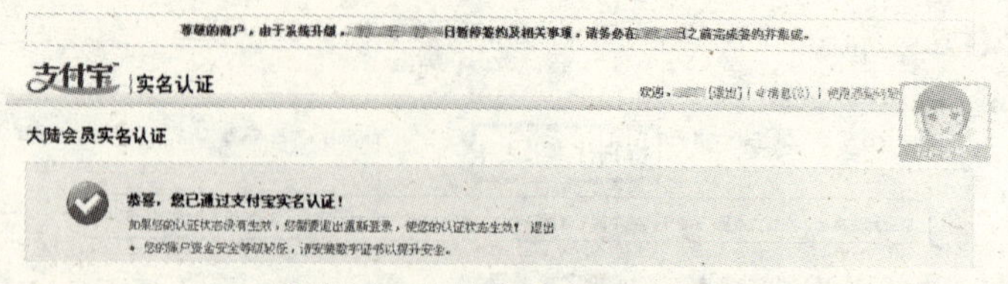

图 7-84　支付宝实名认证完成

⑬登录淘宝账户时，选择“我是买家”，再点击“查看详情”，如图 7-85 所示。

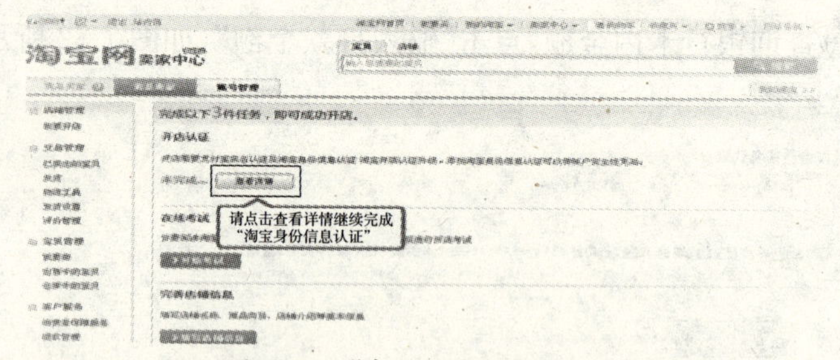

图 7-85　“我是买家”信息查看

⑭填写身份信息，如图 7-86 所示。

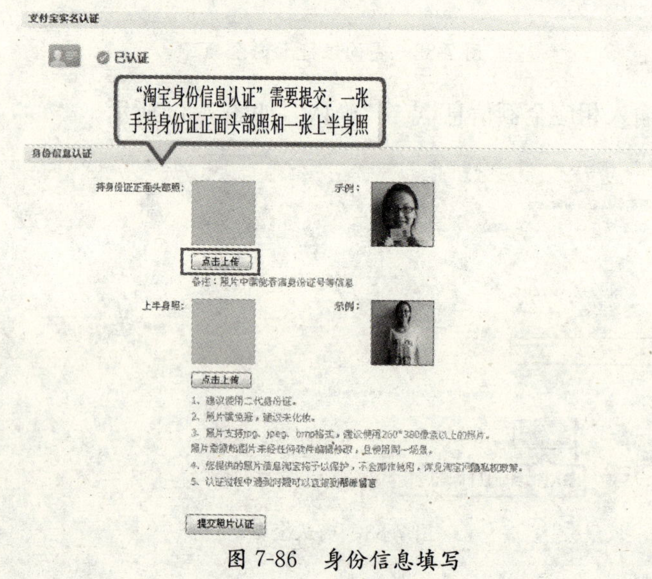

图 7-86　身份信息填写

⑮完成身份认证信息，如图 7-87 所示。

图 7-87　完成身份认证信息

⑯等待审核通过即可，如图 7-88 所示。

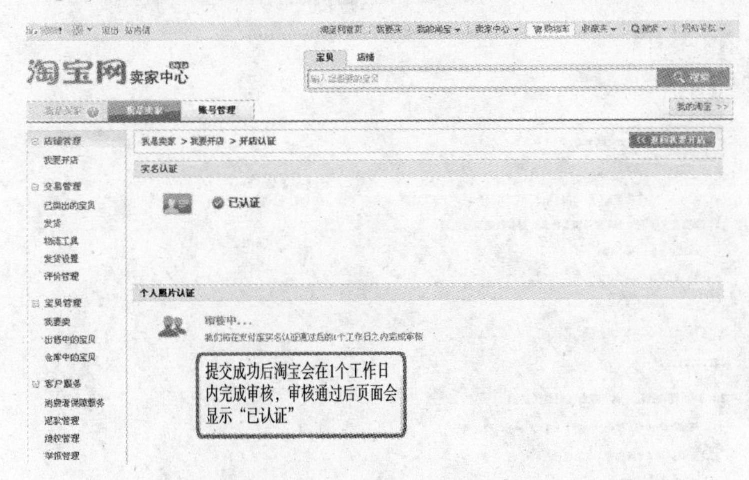

图 7-88　认证完成显示页面

(3)熟悉开店规则及开设店铺

①阅读淘宝规则并了解店铺经营行为准则及注意事项，进行开

店考试，点击“开始考试”，如图 7-89 所示。

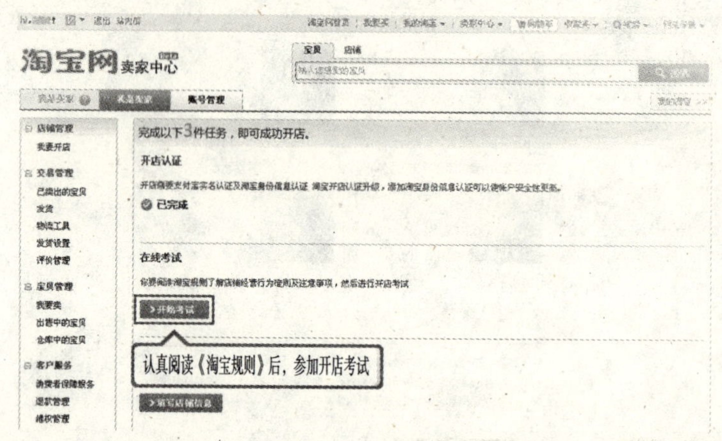

图 7-89　开店考试

②进行开店考试，所有试题测试完之后，点击“提交”，提交答卷，如图 7-90 所示。

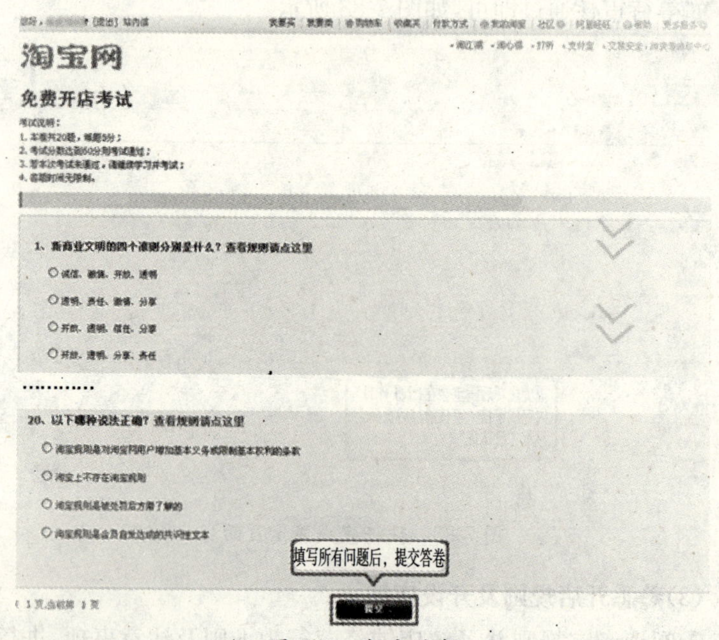

图 7-90　提交答卷

③考试通过后，点击“创建店铺”，如图 7-91 所示。

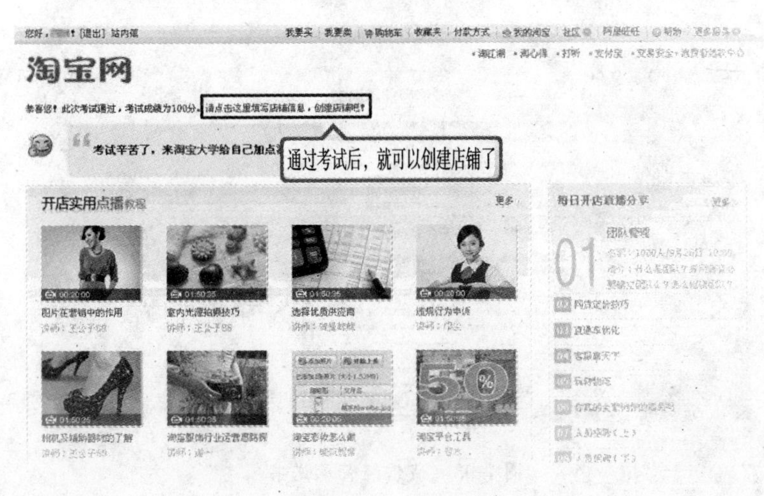

图 7-91　创建店铺

④点击“填写店铺信息”，如图 7-92 所示。

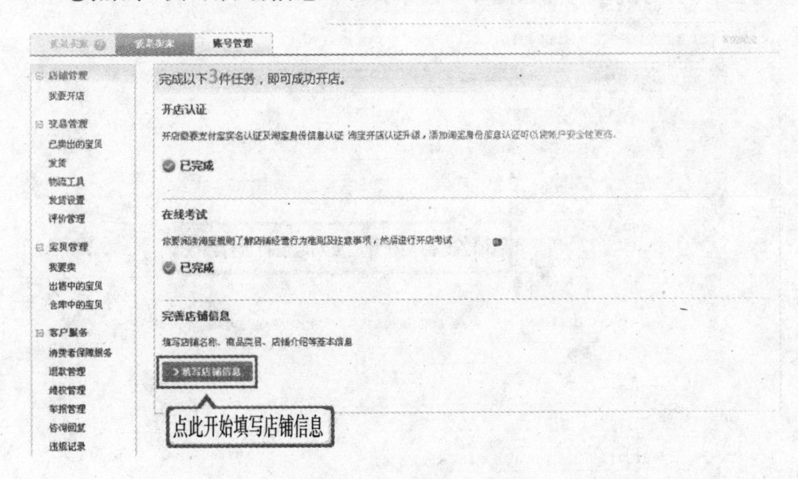

图 7-92　店铺信息填写

⑤查看《诚信经营承诺书》，点击“同意”，如图 7-93 所示。

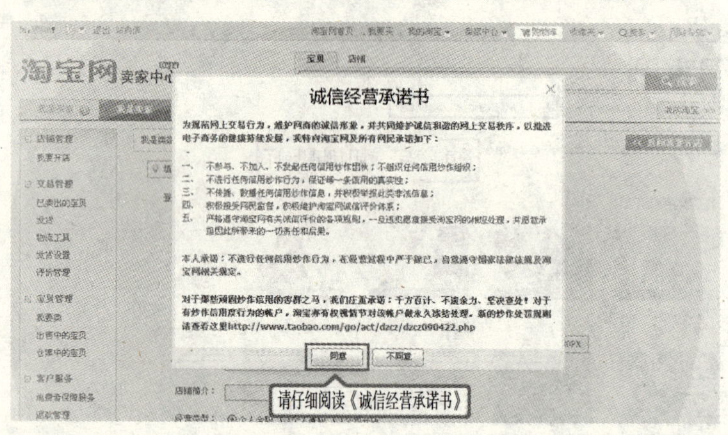

图 7-93　诚信经营承诺书

⑥填写详细的店铺基本信息后，点击“保存”，其中带“ * ”号的信息为必须填写的事项，如图 7-94 所示。

我是卖家 > 我要开店 > 店铺基本信息

填写详细的店铺信息，我们将为你提供更专业、更有针对性的经营信息。带*为必填项。

登录名/昵称：

手机绑定：开店需要通过手机验证，点此绑定手机

*店铺名称：u[468681]　开店成功后可修改店铺名称！

店铺名称需要在开店成功之后再进行修改

店铺标志：上传店标 让大家记住你的店

上传图标　文件格式GIF、JPG、JPEG、PNG文件大小80K以内，建议尺寸80PX*80PX

*店铺类目：手机

店铺简介：

经营类型：⦿个人全职 ○个人兼职 ○公司开店

*联系地址：

*邮政编码：

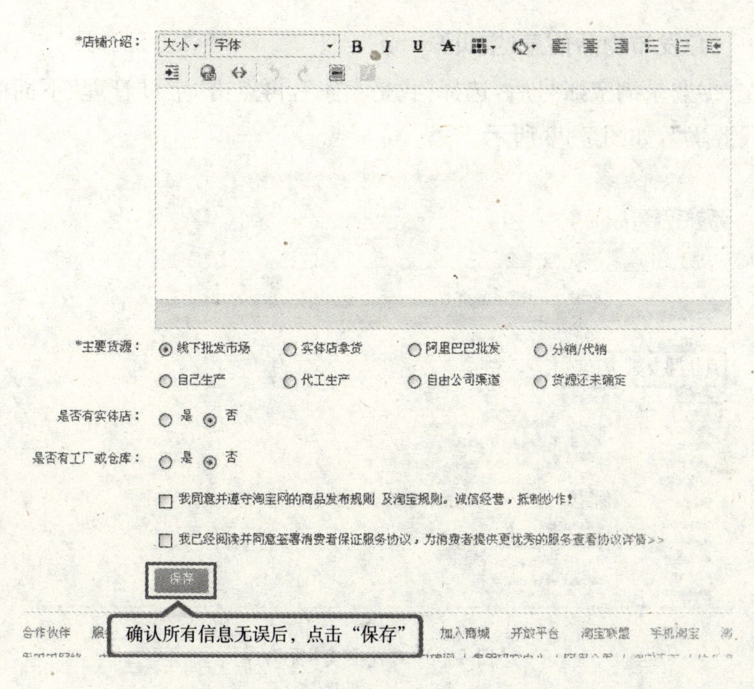

图 7-94　填写详细的店铺信息

⑦开店成功，如图 7-95 所示。

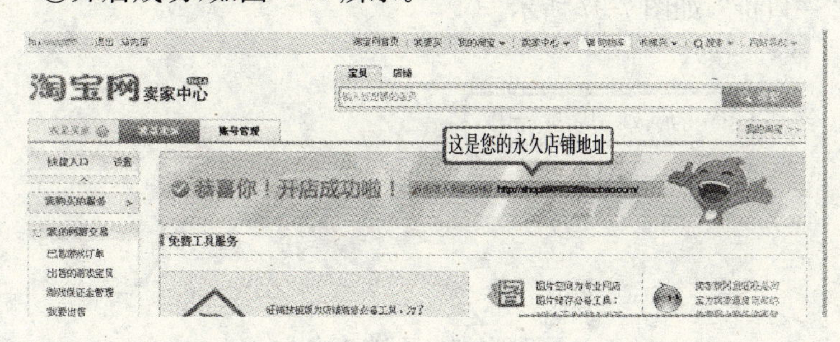

图 7-95　开店成功

(4)发布物品信息(宝贝)

①登录淘宝账号后,选择“我是卖家”,再点击“宝贝管理”下面的“我要卖”,如图7-96所示。

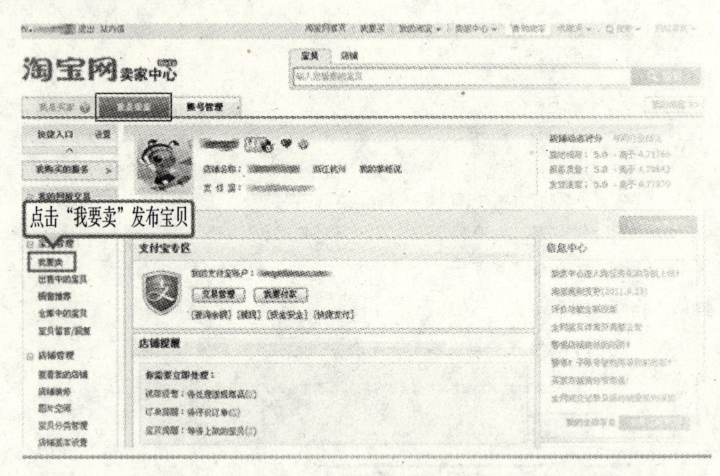

图 7-96 “我要卖”页面

②选择宝贝发布方式,“一口价”指直接给出一个价格,拍卖是在一定时间内谁出价最高谁就成交。一般建议选择“一口价”,直接点击“一口价”,如图7-97所示。

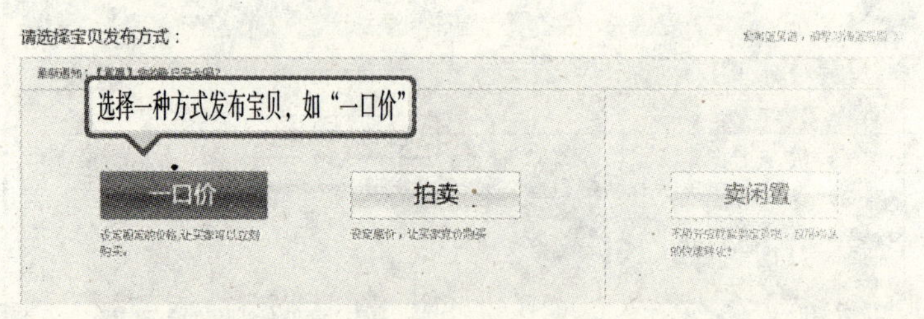

图 7-97 “宝贝”发布方式

③选择好宝贝所属的类目，如果不清楚属于哪个类目可以点击类目搜索，在类目搜索的方框内写上你的宝贝名称，然后点击“搜索”。如果清楚，直接在项目类目点击，然后再选择下一个子项目，下拉菜单条可以上下拖动查看所有的分类。类目选择不能选错。选择好后，直接点击“好了，去发布宝贝”，如图 7-98 所示。

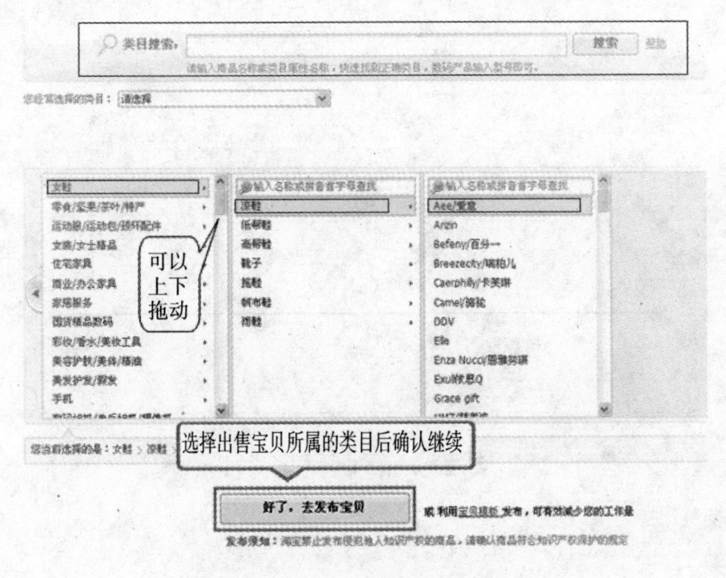

图 7-98　选择类目

④进入宝贝详细填写界面，内容和选项都比较多，带“ * ”为必须填写选项。先是填写宝贝基本信息。然后是宝贝物流信息、售后保障信息以及其他信息，填写好后点击“发布”，如图 7-99 所示。

一口价发布　提醒：[illegible]

填写宝贝基本信息

产品信息

类目：[illegible]　编辑类目

1. 宝贝基本信息

宝贝类型：* 全新　二手　[illegible]

宝贝属性：

提醒：[illegible]

货号：

品牌：

鞋头款式：

跟高：

鞋跟形状：

[illegible]

[illegible]

[illegible]

流行元素：[illegible]

[illegible]

[illegible]

闭合方式：

(a)

[illegible]

制作工艺：

风格：

适合场合：

[illegible]

宝贝标题：*　[illegible]

一口价：*　元

颜色分类：[illegible]

尺码：* 34　35　36　37　38　39　40　41　42　43　44　45　46　47

商家编码：

宝贝数量：*　1　件　[illegible]

宝贝图片：上传新图片　从图片空间中选择

暂无图片　暂无图片　暂无图片　暂无图片　暂无图片

上传新图片　上传新图片　上传新图片　上传新图片　上传新图片

[illegible]

宝贝视频：暂无视频

选择视频

宝贝描述：*

大小　字体　B　I　U　标题

内容正文每5分钟自动保存一次。　立即保存　恢复编辑历史

源码:已输入 0/最多输入 25000

在店铺中所属的类目：uno

one

dos

two

tres

three

cuatro

(b)

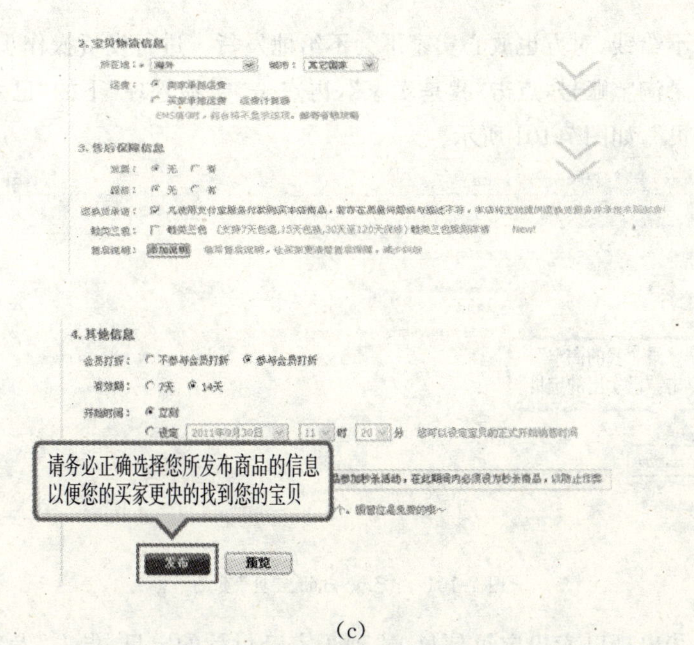

(c)

图 7-99　宝贝详细信息填写

⑤宝贝发布成功。点击“查看该宝贝”，可以查看修改宝贝信息，修改宝贝信息后一定要记得再次点击“发布”。如果想继续发布其他宝贝，就点击“继续发布宝贝”，如图 7-100 所示。

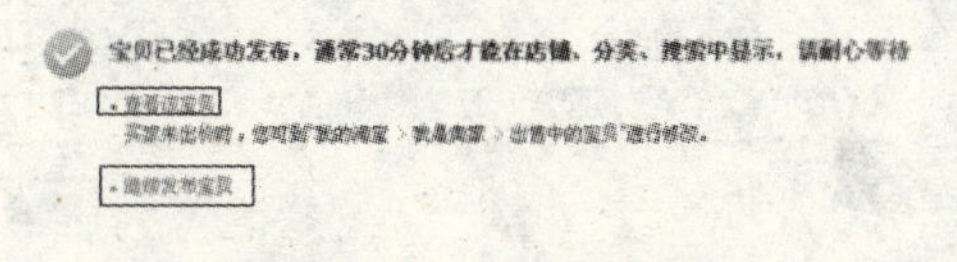

图 7-100　宝贝发布成功

(5)如何发货

①当有人购买产品，并且显示已经付款后，才可以发货。一般通过支付宝付款比较好，买家通过支付宝付款后，钱并没有直接转到卖家的支付宝账户里，而是由第三方暂时代为保管，必须等卖家发货且对方收到货进行确认后，钱才转到你的账户，这样就防止卖家发货了

对方不给钱,对方也放心卖家不会不给他发货。进行发货操作步骤:先登录淘宝账号,点击“我是卖家”,再点击“交易管理”下的“已卖出的宝贝”,如图 7-101 所示。

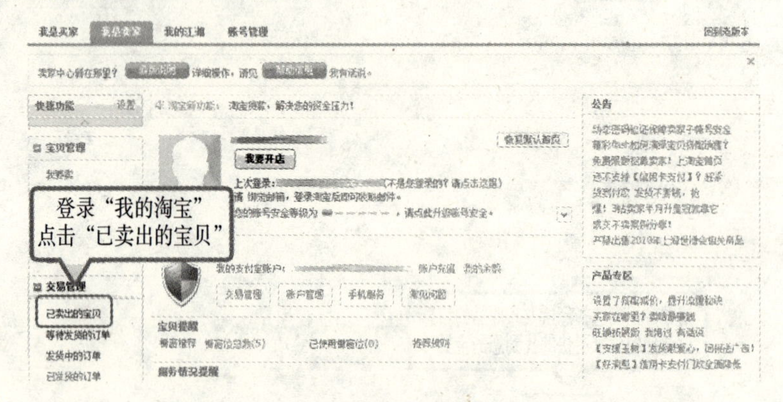

图 7-101 “已卖出的宝贝”页面

②出现已卖出宝贝信息,找到买家已付款的宝贝,点击“发货”,如图 7-102 所示。

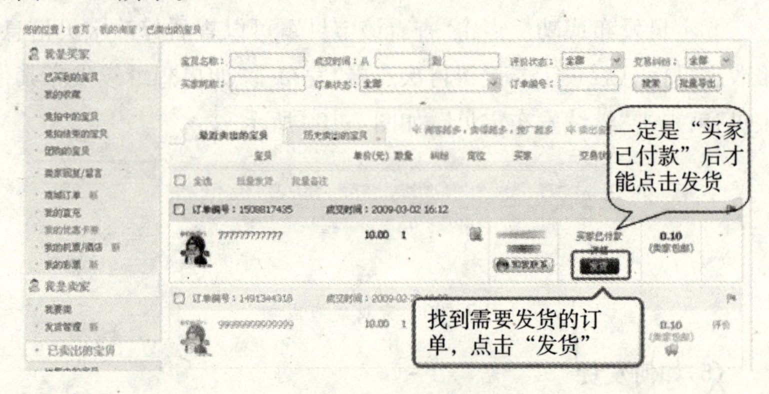

图 7-102 发货管理

③进行物流管理：一是“确认收货信息及交易详情”；二是“确认发货/取货信息”；三是选择“物流公司”。一些虚拟产品，如软件、咨询服务等无需物流就点击“无需物流”即可；如果需要物流，还要看与物流公司是否有合作，有合作可以在线下单，点击“在线下单”，否则，就选择“自己联系物流”。如图 7-103 所示。

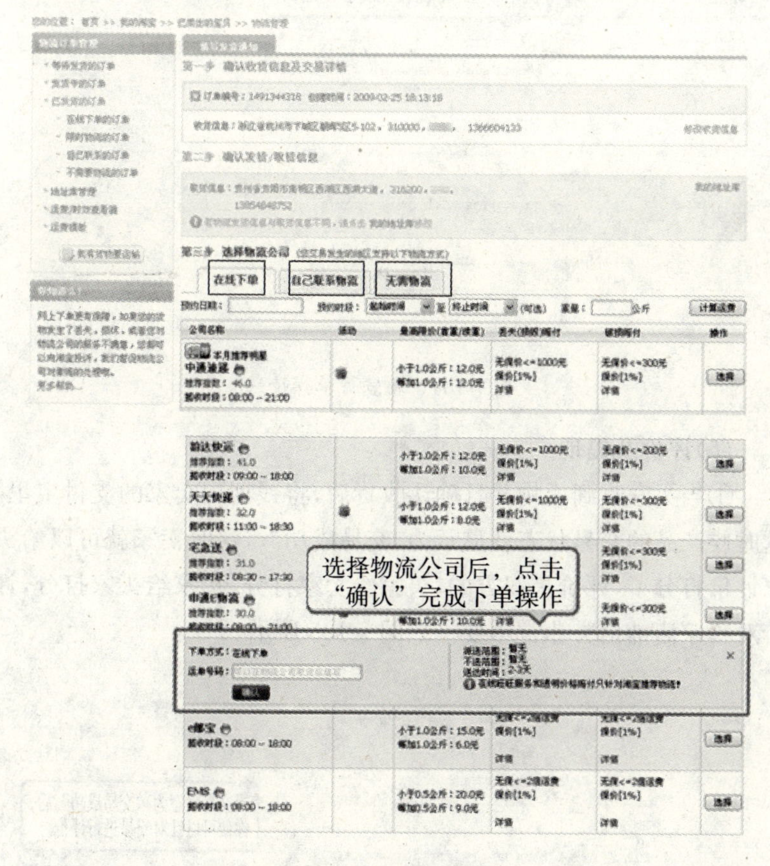

图 7-103　选择物流公司

④无论是在线下单，还是自己联系物流公司，物流公司发货后都会给你一个单据，单据上有一个物流单号，将物流单号填写准确后，点击“确定”，然后产品交易状态就会变为等待对方确认收货，如

图 7-104所示。

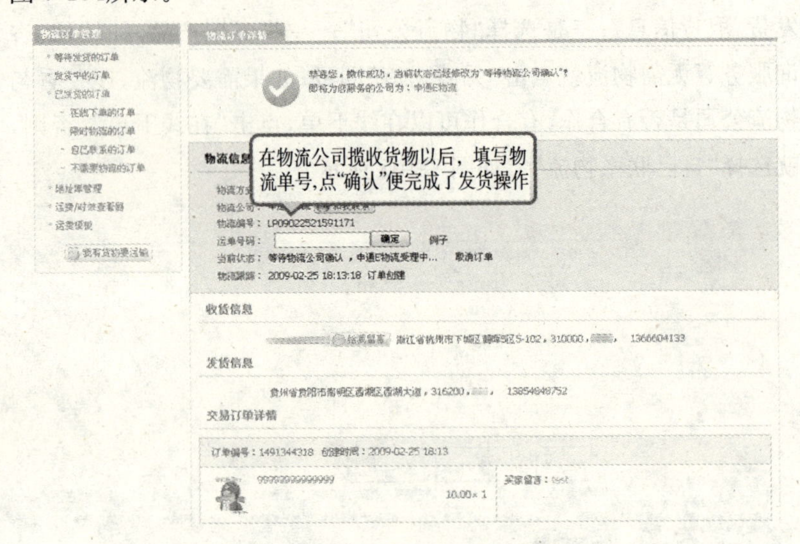

图 7-104　物流订单详情

(6)评价及提现

①当买家收到货物并且确认收货后，将钱划到卖家的支付宝里，这时候产品的交易状态就显示为“交易成功”。这时卖家就可以给买家评价打分了，评价是双方的，买家给卖家打分，卖家给买家打分，评价对卖家店铺信誉非常重要。如图 7-105 所示。

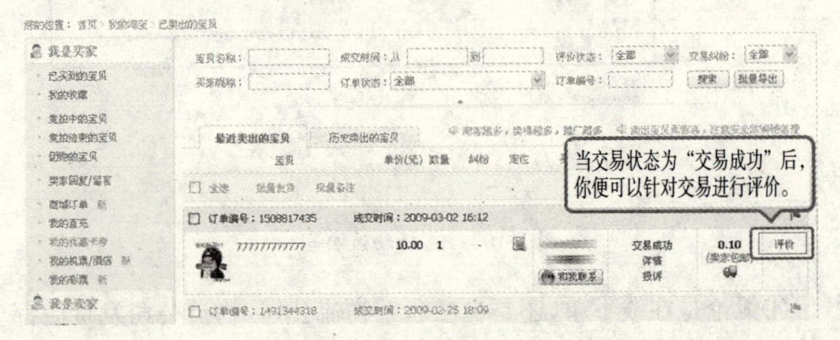

图 7-105　交易成功

②评价要实事求是，好就选择“好评”，不好就选择“差评”，介于中间为“中评”，好评可以加一分，差评就要扣一分，中评不加分也不减分。好评最关键。选择好之后，点击“确认提交”，如图 7-106 所示。

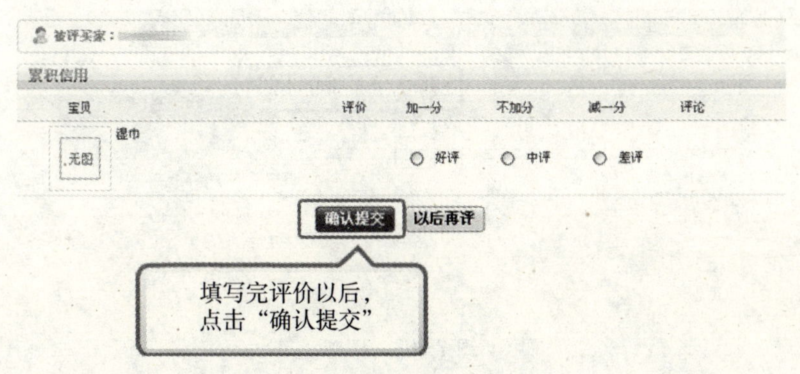

图 7-106　评价确认

③当双方都评价了以后，卖家才能看到买家给的评价，同样，买家也能看到卖家给的评价。获一个好评就能加一分，分数越高，好评率越高，就说明卖家生意越好且信誉越高。如图 7-107 所示。

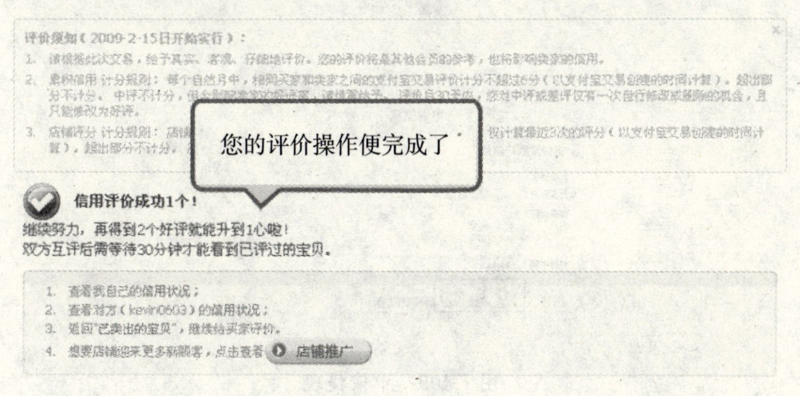

图 7-107　完成评价

④当卖家收到对方的货款后，钱还是放在网上的支付宝账户里，那怎样才能把钱取出来呢？卖家必须要把钱提现到自己的银行卡里才行。登录到卖家的支付宝后，点击“提现”，如图 7-108 所示。

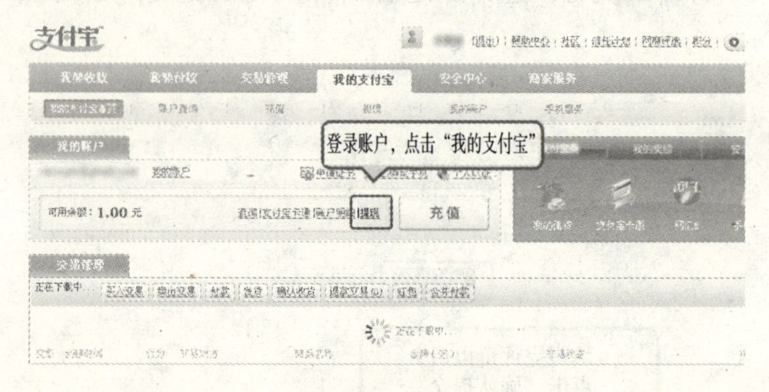

图 7-108　提现

⑤出现申请提现的页面，输入相应的信息及密码，点击“下一步”，如图 7-109 所示。

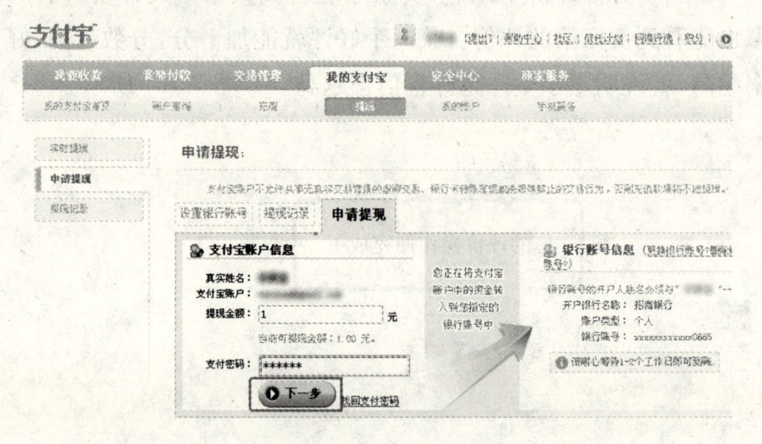

图 7-109　申请提现

⑥申请被网站接收后，等 1～2 个工作日后去银行账户查询就可以了，如图 7-110 所示。

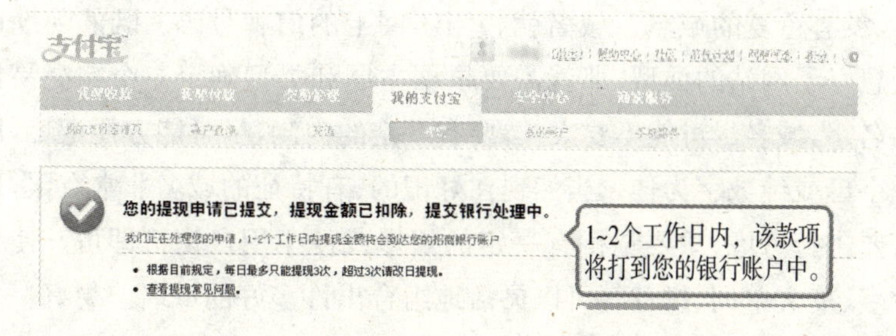

图 7-110　提现申请完成

5. 学会在网上建立网站

在网上销售产品除了利用他人的网站平台外，也可以自己建立网站。在自己的网站上发布信息，直接进行销售。自己建设网站，初期投入比较大，而且还要会管理和运营网站，所以一般刚开始在网上经营不建议使用。但长远来看，自己建设网站，对提高产品及企业信誉、塑造企业品牌形象、促进销售非常有帮助。下面简单介绍一下网站建设的基本流程。

(1)做好建站前的准备工作　无论是企业还是个人，在建立自己的网站前，都应该明确为什么要建设网站，确定网站需要的功能、规模以及准备为此投入的费用，并进行必要的市场分析，然后拟定初步的网站策划书。只有通过详细而周密的准备，才能避免在网站建设中出现很多问题，使网站建设工作顺利进行。建站之前有几个问题必须明确：欲建立什么主题或类型的网站，主要是信息发布、网络销售还是综合性的网站，网站面向的对象或客户是谁，哪些人可能会上网站，网站的风格和表达方式是什么，准备投资多少钱来建设网站，是否有建设网站的人才。要想在众多的竞争对手中胜出，就一定要有自己的特色，前期功能可以不追求太多，但一定要有独特之处，能吸引目标客户。

(2)申请网站的域名 域名是互联网网络上的一个名字,在全世界,没有重复的域名。域名就相当于网上的门牌号码。既然前期已经想好了网站的类型,那就需要根据主题和类型确定一个响亮易记的名字,域名尽可能不要太长,要有一定的内涵,尽可能方便记忆,以纯字母或纯数字为佳。当然现在好记的、有特征的域名非常有限,这需要进行考虑,只要觉得有一定的规律或便于用户记忆即可。使用数字、英文单词、拼音等可以灵活地组合出许多好的域名。想好一个域名后,这时可以到各个域名注册网站去查一下,如果不能注册,说明已经被人捷足先登了;如果可以注册,就立即注册。域名一旦被注册,除非注册人到期后取消,其他人将不能再使用这个名称。

(3)申请网站空间 创建网站,在网上必须要有一个网站空间。网站空间用来存放网站内容和网站文件,比如网页、图片、音乐等资料。网站空间一般包括虚拟主机、魔方主机、VPS 主机、独立服务器等。如果是对于个人用户,建议购买虚拟主机。在购买虚拟主机时要看其服务、速度、响应时间等,一般选择有一定名气的服务商。对于网络需求较大的企业用户,可以参考租用专业的独立服务器。网上提供这类服务的网站很多,可以参考下价格和需求再购买。在购买时,主要考虑售后服务、稳定性、访问速度、响应时间等方面。

(4)建设网站内容,制作网页 有了域名就相当于有了门牌号,有了主机就相当于有了房间,接下来最重要的就是建设网站内容,就等同于装修房间,在装修好后才能展示给客户看。如果自己有基础想学做网站,就可以选择 Dreamweaver、Frontpage 等专业网站设计软件来制作。当然也可以花钱找人做或用建站系统来制作。

(5)网站备案与发布 网站备案是到网络注册登记运营证书,可以登录工业和信息化部 ICP/IP 地址/域名信息备案系统。一般注册了域名就可以去备案,备案通过后再去买空间做网站。当做好以上工作后,就可以发布网站了。先是把域名指向虚拟主机空间,并在虚

拟主机上绑定该域名，另外将网站内容通过 FTP 工具上传到网站空间里，这样当别人输入域名时即可正确访问到网站。当然这都可以委托网站建设的人完成。

(6)网站维护与宣传推广　要想有很多人来浏览网站，首先就要不断地更新网站内容，给人一种新鲜感，只有不断创新才有永恒的生命力。另外，就是要会宣传网站，让更多的人知道。一是到各大著名的搜索引擎网站去注册，国外搜索引擎如谷歌、雅虎等，国内的如百度、网易、搜狐等。二是交换链接的方式，通过参加各种广告交换组织，把它的广告加到主页中，而主页广告也会出现在其他会员的主页上。三是利用网上广播站，它能被搜索引擎处注册。四是到各公告栏、论坛、BBS、聊天室等宣传。五是利用各种途径告诉周围的人，让他们登录和帮助宣传。只有不断地宣传，网站才会有人气，有流量，有交易量。另外要学习如何经营和管理维护网站，可以经常登录中国站长站(www.chinaz.com)、中国站长论坛(bbs.cnzz.cn)、站长网(www.admin5.com)这类的站点不断地进行学习。

6.网上销售的注意事项

(1)产品信息发布的标题一定要醒目　在网上查找供求信息，一般首先看到的就是标题。如果只是“供应茶叶”、“求购粉丝”等，一般不太会引起别人多大的兴趣，如果用“××原产地大量供应特级茶叶”、“常年收购优质粉丝”等标题，信息的访问量可能就会高很多。同时可以经常变换标题，在不同的网站上多发几次，也能增加被别人搜索或看到的机会。

(2)产品销售信息要详细、真实、准确　网上发布的信息，不能过于简单，如果信息内容过于简单，别人看不到产品的详细信息，就不会感兴趣，所以在填写产品销售信息时，一定要具体详细。产品的规格、等级、大小、长短、类别、颜色、质地、产地、价格、交易方式、支付方式、供应信息等，都要一一注明，并且所有信息都必须要准确、真实可信，价格合理公道，才会吸引客户。

(3)经常更新网站，信息要全面，塑造产品形象和可信度 网上发布的信息，一般更新率都非常快，所以要及时更新商品或信息，并且商品信息不一定只是销售信息，从种植到销售都可以不断发布信息。如在培育的时候就能将信息发布出去，然后再持续地更新产品的生长和培育过程，最后再进行销售，形成一系列鲜活的网络形象。只有将品牌和形象树立好了，销售才不会出现问题，才会出现供不应求的情形。

(4)产品及企业图片等多媒体信息都要学会处理和发布 好的产品图片对产品形象和销售非常关键，通过处理工具让图片美观、不会变形，让商品图片处理的更漂亮、美观，肯定会增加客户购买的几率。现在网上信息不只是文字和文本信息，更多的是图片、视频等多媒体信息。学习和掌握一些图片、视频的处理工具，可以增加销售机会。

(5)利用多种渠道发布和宣传产品和网站信息 在网上销售的时候，一定要多渠道多方式多途径地进行产品信息的宣传。通过自建的网站、销售平台网站、国家或政府农业信息网站等发布和更新。同一条信息可以同时在权威的综合网站、行业网站、专业网站等多个网站上发布，以扩大影响面，增加信息的点击次数，增大成交的几率。

(6)善用即时信息交流工具，与客户沟通交流 在网上销售时，大部分都要通过与客户在线交流才能达成交易。好的客户服务都集优秀的企业销售员、信息咨询员、售后服务员等多种角色于一体。要学会和掌握网上的信息交流工具，如阿里旺旺、QQ、移动飞信、微信等，及时与客户沟通，耐心地解答客户的咨询，掌握与客户沟通技巧，做好网上客服工作，方能实现销售目标。

一、安徽省主要特种农产品介绍

安徽省属于我国中东部省份，地处亚热带向温暖带过渡区域，兼跨长江、淮河、新安江三大流域，境内地形地貌复杂多样，各种类型兼备，有江河、山地、丘陵、湖泊和平原。地貌差异非常明显，各种类型土地资源空间分布相对集中，全省地形、地貌大致可分为5个区域：淮北平原区、江淮丘陵区、大别山区、沿江平原区和皖南山区。由于特殊的地理位置，地形地貌、气候复杂多样，光、热、水、土等优越的自然和生态条件，适宜多种生物资源的生殖繁衍。在长期的发展进化过程中，因地域差异，生物资源分布有异，形成和造就了丰富的既具有安徽地方特色，又符合市场需求，在国内外享有较高市场信誉的特色农产品资源。安徽省物种资源丰富，动植物种类总量达5000多个，较为知名的特色农产品就有100多种，如淮北平原地区的宿州夹沟香稻、砀山酥梨、萧县葡萄、怀远石榴、涡阳苔干、太和香椿、阜南黄岗柳编、符离集烧鸡、亳州中药材等；江淮丘陵及大别山地区的皖西白鹅、吴山贡鹅、六安瓜片、岳西翠兰、霍山黄芽、金寨翠眉、肥东驴巴、定远黑猪、寿县山羊、寿霍黑猪、淮南麻鸡、八公山豆腐、华山银毫、碧豪、金兰、皖西黄大茶、大别山中药材、大别山地区的板栗、香菇、木耳、葛粉、猕猴桃、栓皮、棕片、松脂、生漆以及草编、食用菌等；

沿江沿淮地区的优质水产品，如河蟹、虾、甲鱼、珍珠、白米虾、巢湖银鱼、女山湖大闸蟹、巢湖麻鸭、铜陵白姜、滁菊等；皖南山区的黄山毛峰、祁门红茶、太平猴魁、黄山银钩、黄山云尖、宁国山核桃、歙县三潭枇杷、黄山贡菊、皖南黑猪、皖南花猪、皖南中蜂、雁鹅、黄山诸多山野菜品种等。

现主要介绍21个安徽省特色农产品品种，其中特色种植产品13种，特色畜牧产品5种，特色水产品3种。

表1-1　安徽省21个特种农产品品种及产地

序号	品种名称	产地	序号	品种名称	产地
1	明光绿豆	明光市	12	涡阳苔干	亳州市
2	临泉纯白芝麻	临泉县	13	皖西南山珍	六安市、黄山市
3	青阳苎麻	青阳县	14	皖西白鹅	六安市
4	黄山毛峰	黄山市	15	皖南中蜂	宣城市、黄山市
5	六安瓜片	六安市	16	符离集烧鸡(淮北麻鸡)	宿州市
6	祁门红茶	黄山市	17	皖南三黄鸡	宣城市
7	砀山酥梨	砀山县	18	宣城圩猪	芜湖市、宣城市
8	三潭枇杷	歙　县	19	淮河黄颡	淮南市
9	怀远石榴	怀远县	20	秋浦花鳜	池州市
10	和县蔬菜	和　县	21	庐州龙虾	合肥市
11	铜陵白姜	铜陵县			

注：资料来源——据安徽省“十一五”特色农产品发展规划及安徽省特色农产品资料编报(2006—2010)整理而得。

1.明光绿豆(明光市)

(1)最佳适生条件要求　土壤条件：有机质13.5克/千克，全氮0.94克/千克，碱解氮98毫克/千克，速效磷13毫克/千克，速效钾105毫克/千克，容重13.7厘米^3，阳离子交换量20.4毫摩尔/千克，铁47.8毫克/千克，锰43.6毫克/千克，铜2.52毫克/千克，锌1.24毫克/千克，硼0.68毫克/千克，钼0.16毫克/千克，pH为6.7，土壤为中性黄棕土壤，吸水、透气性能好。气候条件：明光市位于亚热带和暖温带交界的过渡地带，气候温和，热量丰富，光照充足，无霜期长，每年无霜期208天。在明光绿豆生育期间(7～9月份)，平均气温25.9℃，大于等于10℃有效积温3212℃，日照充足，雨量充沛，7～9月份平均降水220毫米左右，自然光、热、水资源能够满足明光绿豆生长发育的需要。地处丘陵地区的明光市，气候温和、热量丰富、光照充足、雨量充沛、无霜期长，主要以中性或弱碱性土壤为主，土层深厚，富含有机质，排水良好，保水力较强，适宜于明光绿豆的生长。

(2)主要产区及分布情况 明光绿豆原产地集中分布在明光市南部山区及中部丘陵区。盛产“明绿”为主，同时也生产“毛绿”，又以明光为主要交易集散地，远销海内外，故统称“明光绿豆”。

明光市适宜明光绿豆生产的面积在30万亩以上。适宜分布区域乡镇：信镇、明东乡、石坝镇、鲁山乡、涧溪镇、津里镇、涝口乡、自来桥镇、三关乡、管店镇、横山乡、三界镇、张八岭镇、嘉山集乡、马岗乡、城西办事处、桥头镇、司巷乡、古沛镇。

明光绿豆既是食品加工和副食品生产的重要原料，又是外贸出口的畅销产品，具有很高的营养价值和药用价值，生产及加工的前景广阔，潜力巨大。以明绿为原料生产的饮料、酒、绿豆糕、绿豆晶等产品深受广大消费者欢迎，市场需求量逐年增加。在3～5年内种植面积可发展到10万亩，年产明绿1万余吨。在产品加工上，一部分原料经筛选、分级，加工成精品包装进入各大超市或市场销售，另一部分原料用于绿豆晶、绿豆糕及“明绿液”酒的加工，走农工贸综合开发的道路，并带动交通运输及其他相关产业的发展。

2.临泉纯白芝麻(临泉县)

(1)最佳适生条件 温度条件：年积温在2500～3000℃，发芽温度为24～32℃；最佳生长温度为20～24℃；水分条件：全生育期耗水221立方米/亩；光照条件：适宜于短日照；土壤条件：土壤pH为6.0～8.0。

(2)主要产区及分布情况 安徽省种植纯白芝麻的主要地区为阜阳、淮北、亳州等地，临泉县为全国芝麻生产第二大县。适宜区域乡镇:全县 33 个乡镇均适宜种植,规模区域集中在张新、宋集、迎仙、瓦店、姜寨、庙岔、关庙、同城、白庙、庞营、黄岭、张营等乡镇。

3.青阳苎麻(青阳县)

(1)最佳适生条件 青阳地处九华山区,属亚热带季风湿润气候区,光热资源可满足苎麻一年三熟制生长需求。四季分明,春秋温和,昼夜温差大,有利于苎麻作物体内营养物质的积累,生理机能的调节。夏季 5~7 月雨量丰沛,光热水同季,有利苎麻快速生长,加速纤维发育,提高麻皮厚度和出麻率。年最大降雨量为 2438.1 毫米,年最小降雨量为 690.4 毫米,年均降雨量为 1525.2 毫米。历年平均气温 16.1℃,大于等于 10℃的积温为 5001.6℃。历年无霜期 218.5 天,历年平均日照数为 2106.7 小时,有利于苎麻生长发育。

(2)主要产区及分布情况 苎麻原产青阳县,大体上分布区域在全县 15 个乡镇。适宜分布的乡镇有:蓉城镇、乔木乡、杨田镇、竹阳乡、丁桥镇 、木镇、新河镇、陵阳镇、杜村乡、沙济镇、庙前镇、南阳乡、五溪镇、朱备镇、西华乡。

4.黄山毛峰(黄山市)

(1)最佳适生条件 气候条件:中亚热带湿润季风气候,气候温暖,冬少严寒,夏无酷热,雨量充沛,湿度大,云雾多,日照时数和日照百分率适中,热量丰富,无霜期长,年平均气温 15.5~16.4℃,降水量在 1500~1800 毫米,空气相对湿度在 80%以上,日照时数 1675~1875 小时,日照百分率 35%~45%,太阳辐射总量为 440~475 千焦/厘米^2,无霜期 255 天左右;土壤条件:黄棕壤,黄红壤,黄壤,表层腐殖质厚,有机质含量高,pH 为 5~6;植被条件:植被繁茂,森林覆盖率在 75%以上。

(2)主要产区及分布情况 黄山毛峰原产地黄山市。现主要分布于黄山市各县区,产茶区域遍及全市三区四县各产茶乡镇。

黄山毛峰已形成了“汪满田”、“黄山”、“漕溪”、“祁山”、“六百里”、“黄山翡翠”、“新安源”等著名品牌。“汪满田”、“漕溪”、“千秋泉”、“紫霞”、“汪芳生”、“玉霞”、“松萝山”、“正和堂”、“景泰隆”、“鸿志”等46家黄山毛峰品牌，均已通过无公害茶、绿色食品茶或有机茶基地和企业加工认证。

5.六安瓜片(六安市)

六安瓜片形似瓜子，单片不带梗芽，叶片背卷顺直，色泽宝绿，附有白霜，汤色碧绿，清流明亮香气清高，味鲜甘醇。

(1)最佳适生条件 海拔在200～800米，年降水量1200～1400毫米，年均气温15.3℃以上，森林覆盖率在50%以上，是六安瓜片的最佳适生条件。安徽省六安瓜片生产区为典型的低山地貌，地形以低山、岗地为主，海拔300～735米；植被以常绿针叶和阔叶落叶混交林为主，森林覆盖率24%；成土母质为酸性结晶岩类风化的残积物，土壤属黄棕壤土类，普遍黄棕壤亚类，土壤腐殖层深厚，松软肥沃，pH为4.5～5.5，有机质含量丰富，适宜于瓜片生产。

(2)主要产区及分布情况 六安瓜片原产金寨县齐山村，现主要分布于齐云山周边地区。适宜区域乡镇：金寨县响洪甸镇、油坊店乡、裕安区的独山镇、石婆店镇、红石埂乡、金安区的东河口镇。

目前，六安已有的龙头企业及品牌情况：六安市华山名优茶开发中心“华山牌”；安徽省六安瓜片茶叶股份公司“六安瓜片”牌；安徽省齐山有机茶厂“齐山牌”。六安瓜片作为全国十大名茶之一，在消费者心目中享有崇高的地位，不仅在国内市场具有极强的竞争力，而且已经远销日本、东南亚各国、美国、法国等国外市场。

6.祁门红茶(黄山市)

(1)最佳适生条件 祁门红茶茶区属亚热带季风气候，年平均气温15.6℃。最热为7月，平均气温26℃；最冷为1月，平均气温4℃。

绝对最低温度为－9℃。年平均无霜期220～230天。稳定通过10℃年均229天，年活动积温平均为4900～5000℃。每年平均晴天50多天，阴天170天，雨雾天150天。年均日照时数1816.6小时，年日照率为45％。年平均降水量高达1600～1800毫米，雨量分布以春夏最多，占全年雨量的60％～70％，气温高于10℃期间的降水量达1200～1400毫米，春夏季节相对湿度都在80％左右。土壤主要是适宜种茶的红壤、黄壤、黄棕壤，占总面积的84.9％。土质肥厚，结构良好，透气性、透水性和保水性均较佳，含氧化铝、铁成分也较丰富，水分充足。土壤酸碱度适中，pH多在5～6之间。而红茶茶区多分布在海拔100～400米的峡谷山地和丘陵地带。独特的地形地貌和优越的气候、土壤条件是祁门红茶生产的最佳环境。

(2)主要产区及分布情况 祁门红茶原产地，在境内除梅溪河向北流入秋浦河，凫溪河向南流入新安江外，其余诸水均汇于阊江入鄱阳湖的乡镇。适宜分布区域在祁山镇、小路口镇、金字牌镇、平里镇、历口镇、闪里镇、大坦乡、柏溪乡、塔坊乡、祁红乡、溶口乡、芦溪乡、渚口乡、古溪乡、新安乡、箬坑乡等16个乡镇的生产区域范围内。适宜生产红茶的茶园面积占全县茶园总面积的88.2％，适宜生产红茶区域的农业人口占全县农业人口的比例为84.5％。

作为中国传统功夫红茶的珍品，祁门红茶开发潜力巨大。一是目前祁门红茶大多以散装统货出售，迎合市场需求，开发精品小包装系列，提高祁红附加值潜力巨大。二是随着市场茶饮料等茶叶精深加工产品的日渐升温，开发祁门红茶多元化精深加工系列产品，如药用茶、保健茶、减肥茶、茶饮料、茶多酚等，具有巨大的发展潜力和广阔的发展前景。

7.砀山酥梨(砀山县)

(1)最佳适生条件 沙质土壤，pH为7.5～8.5，年平均气温14℃，全年大于10℃的积温4600℃左右，无霜期199～210天。黄河故道两岸是砀山酥梨的最佳适生地区。

(2)主要产区及分布情况 砀山酥梨原产于砀山县,现主要分布在黄河故道两岸13个乡镇。适宜分布区域乡镇有:周寨镇、玄庙镇、葛集镇、西南门镇、权集乡、唐寨镇、良梨镇、李庄镇、文庄镇、朱楼镇、关帝庙镇、程庄镇、官庄镇等。

8.三潭枇杷(歙县)

(1)最佳适生条件 温度:年均气温16℃以上,幼果期大于－3℃,成熟前最高温小于35℃;雨量:年降雨量1000毫米以上;光照:幼苗需散射光,成年树应光照充足;土壤:pH为6左右的砂质壤土;易冻害、风害、旱害地区不宜生长。

(2)主要产区及分布情况 三潭枇杷因主产于新安江上游两岸的绵潭、漳潭、渝潭3个自然村而得名。目前主要分布在以三潭为中心,沿新安江两岸的正口至南源口一线,约20千米的区域,涉及武阳乡、深渡镇、坑口乡、徽城镇4个乡镇。该地区生态环境优良,小气候条件优越,西北部有黄山山脉,东北部有天目山脉,形成了对冬季寒流阻挡的屏障,加上新安江水体对温湿度的调节,形成了冬无严寒,温暖湿润,得天独厚的小气候环境,非常适宜性喜温暖湿润环境枇杷的生长发育。适宜区域乡镇:徽城镇、坑口乡、深渡镇、武阳乡、小川乡、新溪口乡、街口镇。

9.怀远石榴(怀远县)

怀远石榴品质优异,享有盛誉。以其艳丽的色彩,端正的果形,晶莹剔透的籽粒,佳美的风味赢得中外人士的好评。怀远石榴果大、皮薄、粒大、核软、汁多、味甜、可食率高。经测定:百粒重最高可达71.4克,可食率最高达74%,单果重平均250克左右,最高可达1100克,含糖量最高可达17%以上,含酸量低于0.45%,粗纤维素2.5%,水分0.8%,维生素C含量是苹果、梨含量的两倍以上。经专家评定，其品质名列全国四大石榴产区之首，其中怀远的“玉石籽、玛瑙籽”两品种堪称榴中珍品，过去曾作为贡品进贡皇宫。

(1)最佳适生条件 怀远县地处北纬 32°43′～33°19′，是北亚热带和暖温带的过渡带，属于暖温带半湿润季风气候，冬季干寒，夏季炎热，四季分明，雨量适中，日照充足，温度适宜，无霜期长，累年平均气温为 15.4℃，大于或等于 10℃的积温累年平均为 4964℃ ，年平均无霜期长达 218 天，年平均降雨量 900.9 毫米，年平均日照时数为 2206.9 小时，春季气温回升的快，秋季气温下降缓慢，整个石榴生长期长，条件优越。怀远石榴所着生的土壤是麻石棕壤和麻石棕土，成土母质是花岗岩和花岗片麻岩，其质地为中壤至轻壤。pH 为 6.5～7.0，中性偏微酸，土层深厚，保水肥能力较强，是石榴生长的理想环境。

(2)主要产区及分布情况 怀远石榴主要产于怀远县境内。自 20 世纪 80 年代后期到 90 年代初期，该县分别在茨淮新河和马城镇连片建园计万余亩，现已初具规模。

据统计，怀远县适宜栽培石榴的荒山、荒坡、堤坝等非耕地面积有 7.2 万亩（如大洪山、平阿山、怀洪新河堤坝等），因此发展空间巨大。目前，怀远县建立优良品种繁育基地近百亩，年繁育优质石榴苗木近百万株，为怀远石榴基地建设提供有力保障。为了使怀远石榴走出去，怀远县成立了多家石榴果品销售公司，并注册了涂山“玉石籽”商标和“怀远石榴”原产地商品，加以保护，促其发展。

由于石榴酒市场潜力大，现已有多家外资企业在怀远投资进行石榴深加工，安徽亚太、成果、乳泉、丽人等酒业公司生产干红石榴酒、干白石榴酒、石榴汁饮料。

10.和县蔬菜(和县)

(1)最佳适生条件 和县土质肥沃，气候温和，水资源丰富，农业生产条件优越。全境属北亚热带湿润季风气候区，年平均气温 15.6℃，无霜期 232 天，日照时数 2126 小时，降雨量 1006 毫米，适宜

发展蔬菜种植业。

(2)主要产区及分布情况 和县是特色蔬菜的主要产地。和县地处皖东,东临长江,西傍巢湖,毗邻南京、马鞍山、芜湖、合肥四座大中城市,交通便捷。蔬菜种植主要分布在:城南、历阳、联合、姥桥、沈巷、雍镇、卜集、乌江、张家集、西埠等乡镇。注册有“皖江”、“皖蔬”、“和州绿”等品牌,有14个产品获无公害认证。

11.铜陵白姜(铜陵县)

(1)最佳适生条件 喜温暖怕高温,最适宜生长温度为25～28℃;既怕旱又怕涝,久旱致枝叶枯萎,水多易使根茎腐烂;性喜砂壤沃土,以土层较厚的砂质壤土为佳,以有机肥料为主,土壤pH在5～7之间;不宜重茬连作。

(2)主要产区及分布情况 铜陵白姜原产铜陵,主要分布区域在铜陵南部丘陵山地。适宜区域乡镇有:铜陵县天门镇、铜陵市郊区大通镇。

铜陵县现为中国生姜四大著名产地之一。铜陵白姜品质优良,是姜中上品,其用途广泛,是名茶、蔬食、调味、保健、药用佳品,国内外姜制品需求量大,生产加工前景广阔。近年来,铜陵县大力发展白姜加工生产,现有的省龙头企业铜陵华鹏姜制品有限公司,市龙头企业有铜陵市和平糖冰姜厂、金长江食品高新技术公司、铜陵桥南姜制品有限公司,县龙头企业有铜陵齐松姜厂;已经注册拥有的安徽省名牌农产品有“和平”牌糖冰姜、“铜官乐”牌开胃姜、“铜官乐”牌富硒姜。“和平”牌糖冰姜已成为安徽省著名商标。

12.涡阳苔干(涡阳县)

(1)最佳适生条件 积温1600～1700℃;光照时数500小时;亩需水量185.7米^3;适宜于两合土壤、砂质土壤。

(2)主要产区及分布情况 涡阳苔干原产涡阳义门镇,现主要分布于北纬 33°27′至 33°46′，东经 115°53′至 116°33′区域。涡河两岸均适宜分布。

中原绿色食品有限公司、安徽省义门苔干公司、涡阳县外贸进出口公司、涡阳苔干技术服务公司等为龙头的加工企业群体迅速崛起，开发出四大系列 30 多个品种，注册了“老子”牌、“真源”牌、“翠”牌、“义门”牌等商标。

13.皖西南山珍(六安市、安庆市、黄山市、宣城市、池州市)

安徽省境内山野菜品种繁多，品质优良，资源丰富，分布十分广泛，主要分布于皖南、皖西境内。

(1)最佳适生条件 安徽省的西南部地区，是热带和亚热带气候的交界处，四季分明、温暖湿润、光照充足、雨量充沛、无霜期长、昼夜温差大、有机物质积累多，适应多种山野菜生长。该地区大气质量标准符合国家一级大气质量标准，水质符合国家二级标准，森林覆盖率达 70.31%，土壤有机质含量丰富，山野菜处于自然生长状态，具有大面积开发山野菜类绿色食品和有机食品的有利条件。

(2)主要产区及分布情况 主要适宜种植区域有：宣城市（绩溪县）、黄山市黄山区（黟县）、池州市（石台县）、安庆市（岳西县）、六安市（霍山县、金寨县、舒城县）。

绩溪县有规模大、分布广的蕨菜、荠菜、马齿苋、水芹、香蒿等五大类野生菜，其蕴藏量约为 50 万吨，皖西、皖南山区的山野菜资源被开发和利用的潜力十分巨大；黄山市野菜种类十分丰富，分布广泛且蕴藏量大，常见野菜种类近百种，被人们食用最多的有 40 种，分属 50 多个科，其中蕨菜、竹笋、荠菜等野生资源最为丰富，几乎遍及全市所有乡镇；石台县全县山野菜贮藏量在 5 万吨以上；岳西县属国家生态示范区，可食山野菜资源在 10 万吨以上，主要分布在海拔 300～1500 米的高峰山场，已开发利用的山野菜品种为夜山瓜、地藕、郎菜等，面积达 36 万亩，生产量约为 3 万吨；霍山县地处大别山腹地，野生蔬菜

种类繁多，可供食用的山野菜近50余种，品质好、产量大的有竹笋、马齿苋，全县山野菜贮藏总量在4万吨以上；金寨县境内山野菜主要品种珍珠菜的野生贮量为4000吨/年，苦菜的野生贮量为200吨/年；舒城县盛产的安菜、薇菜、苦菜、马齿苋等山野菜，面积大，达50万亩，产量高，达14万吨。

目前，已形成了一批特色的山野菜加工品品牌。诸如，石台县"三野牌"的珍珠菜、马兰菜；岳西县"山里货"牌下饭菜系列、山珍系列；金寨县"归然"牌葛根，"绿怡"牌珍珠菜、将军菜，"天绿"牌山野菜系列；霍山县"丽瑶"牌系列山野菜；舒城县"江山"牌安菜、苦菜、"万佛牌"薇菜、马齿苋等。这些品牌有的已经漂洋过海，享誉亚欧，有的已成为金字招牌，这些都为大规模综合开发利用山野菜提供了广阔的空间。

14.皖西白鹅(六安市)

(1)最佳适生条件 皖西白鹅适宜于生长在3类水质以上，水草丰茂，南北过渡带。

(2)主要产区及分布情况 皖西白鹅原产霍邱、寿县、金安、裕安、舒城一部分乡镇，长丰一部分乡镇。其适宜于江淮丘陵圩畈地区水资源充足的所有乡镇。

六安市白鹅加工厂、水洗绒厂、安华羽绒加工厂等一批龙头企业的相继兴建，"安徽冻鹅"、"皖西羽绒"等名牌产品畅销国内外，六安市拥有活鹅及羽绒交易市场24个，规模交易市场年交易额均在亿元以上，成为全国知名的羽绒集散地之一，皖西白鹅产业化发展链业已初步形成。

15.皖南中蜂(黄山市、宣城市)

(1)最佳适生条件 适宜生长在蜜源植物种类繁多的地区。现有蜜源植物20科、74属、151种。养蜂利用的有56种，其中主要蜜源达16种，均具有面积大、分布集中、花期长、泌蜜多、含糖量高、稳产高产的特点。黄山山区山高树茂，气候温和，雨量充沛，蜜粉植物丰富，适宜中蜂的栖息和繁衍。

(2)主要产区及分布情况 中蜂原产黄山市。主要分布区域有皖南山区，黄山市、宣城市各主要县区。皖南中蜂规模化、现代化产加销一条龙发展迅速，涌现出黄山市健生园蜂业有限公司、黄山绿康保健有限公司、黄山种蜂场、绩溪五蜂园蜂业有限公司、宣城市城东蜂业公司等一些龙头企业。

16.符离集烧鸡(淮北麻鸡)(宿州市)

(1)最佳适生条件 全区气候温暖，年均气温14.4℃，无霜期210天，年平均降雨量817.1毫米，日照2200～2500小时，春暖秋爽，其气温、雨量、日照等自然条件极利于麻鸡的繁衍生息及烧鸡的制作加工。

(2)主要产区及分布情况 原产于宿州市埇桥区，现主要分布于淮北市、江苏徐州、萧县、灵璧县。主要适宜区域乡镇有：符离镇、夹沟镇、曹村镇、褚兰镇、栏杆镇、解集乡、永安镇、时村镇、顺河乡。符离集烧鸡龙头企业有刘老二烧鸡厂等。

17.皖南三黄鸡(宣城市)

(1)最佳适生条件 三黄鸡适应性强，温度在5～35℃能正常生长，最适于有天然栖地(如树林、竹园、草地)，能自由觅食的环境饲养，因而也最适合生态饲养。

(2)主要产区及分布情况 皖南地区是三黄鸡的主要产区，适宜分布区域：南陵、青阳、宣城、宁国、繁昌、芜湖县等地。

18.宣城圩猪(宣城市、芜湖市)

(1)最佳适生条件 适宜生长在气候温和、野生饲料丰富的地区。

(2)主要产区及分布情况 适宜分布区域：皖南地区的宣州、南陵等地。长江支流——青弋江河两岸饲养者较多,养殖历史久远。宣州以文昌、寒亭两镇分布较多。

19. 淮河黄颡(淮南市)

(1)最佳适生条件 淮河黄颡为底栖性鱼类,对光敏感,对环境的适应性较强。在低氧的环境中有较强的适应能力。另外,淮河黄颡喜集群活动,并具有穴居的特征。杂食偏肉食性鱼类。其食性在不同生长阶段表现不同。性成熟年龄一般为2龄。淮河黄颡繁殖温度在20～32℃,繁殖期为每年的5月至8月底。

(2)主要产区及分布情况 淮河黄颡鱼原产淮河。现主要分布区域:淮河淮南段凤台县峡山口段。

20. 秋浦花鳜(池州市)

(1)最佳适生条件 温度20～30℃;透明度50厘米;pH为7～8;溶解率5～6毫克/升;非离子氨浓度小于等于0.1毫克/升;水质要求清新,水面无油膜。

(2)主要产区及分布情况 秋浦花鳜原产地贵池区,也主要分布在贵池区,适宜生长的乡镇有梅龙、涓桥、唐田、牛头山、马牙、江口等地。

21. 庐州龙虾(合肥市)

庐州龙虾,又名克氏螯虾,属甲壳动物纲,软甲亚纲,十足目,螯虾科,体形略似龙虾而较小,头部较大,体色有红甲壳与青甲壳两种。

(1)最佳适生条件 庐州龙虾生长适宜水温为24～30℃,当温度低于20℃或高于32℃时,生长率下降;适宜pH范围为5.8～9.0,但在繁殖孵化期要求pH为7.0左右,溶氧量3毫克/升以上。

(2)主要产区及分布情况 庐州龙虾主要分布在安徽等沿淮流域和长江中下游地区,生长在江、河、湖泊等水体中,合肥市各县、包河区各乡镇皆有分布。

较大的加工企业有合肥丰力绿色食品有限公司、金鹏农副产品有限公司、丰联公司等。合肥市加工出口的龙虾产品有生虾仁、熟虾仁、整肢虾、汤料虾等近10个品种。养殖环节现有下塘牌、江淮牌等品牌龙虾;特色餐饮环节有以“老谢”、“老田”、“老秦”、“稻香楼”、“朝天门”、“陈傻子”、“甄得味”等十大龙虾王为代表的40多个龙虾特色餐饮品牌。

二、安徽省的地理标志产品保护列表

1.地理标志产品保护的基本知识

地理标志产品,是指产自特定地域,具有一定的质量、声誉或其他特性,本质上取决于该产地的自然因素和人文因素,经审核批准以地理名称进行命名的产品。

一般以下产品才能申请地理标志产品:一是特定地域种植、养殖的产品,决定该产品特殊品质、特色和声誉的主要是当地的自然因素;二是在产品产地采用特定工艺生产加工,原材料全部来自产品产地,当地的自然环境和生产该产品所采用的特定工艺中的人文因素决定了该产品的特殊品质、特色质量和声誉;三是在产品产地采用特定工艺生产加工,原材料部分来自其他地区,该产品产地的自然环境和生产该产品所采用的特定工艺中的人文因素决定了该产品的特殊品质、特色质量和声誉。

地理标志名称由具有地理指示功能的名称和反映产品真实属性的产品通用名称构成。地理标志名称必须是商业或日常用语,或是长久以来使用的名称,并具有一定知名度。地理标志产品产地范围内的生产者使用地理标志产品专用标志,必须经过申请,经省级质量技术监督局或直属出入境检验检疫局审核,并经国家质检总局审查合格注册登记后,发布公告,生产者即可在其产品上使用地理标志产品专用标志,获得地理标志产品保护。

地理标志产品保护申请,由当地县级以上人民政府(含县级,以下同)指定的地理标志产品保护申请机构或人民政府认定的协会和企业(以下简称“申请人”)提出,由申请人负责准备有关的申请资料。申请人为当地县级以上人民政府的,可成立地理标志产品保护领导小组,负责地理标志保护相关工作。地理标志相比现行我国认同的名牌和驰名商标更具商业价值。

2.安徽省现已获得地理标志产品保护的产品

截至2013年1月20日,安徽省目前获得地理标志产品保护的有32种产品,具体产品种类和批准时间如表2-1所示。

表2-1 安徽省已获地理标志产品保护的产品列表

序号	产品名称	获批时间	序号	产品名称	获批时间
1	宣纸	2002年8月6日	17	八公山豆腐	2008年9月12日
2	滁菊	2002年11月8日	18	霍邱柳编	2008年12月31日
3	口子窖酒	2002年11月8日	19	铜陵白姜	2009年11月16日
4	黄山毛峰茶	2002年11月8日	20	沱湖螃蟹	2009年12月28日
5	砀山酥梨	2003年4月11日	21	怀远石榴	2010年2月24日
6	古井贡酒	2003年4月29日	22	五城茶干	2010年2月24日
7	太平猴魁茶	2003年5月19日	23	灵璧石	2010年9月30日
8	黄山贡菊	2004年8月9日	24	天柱山瓜篓籽	2010年9月30日
9	宁国山核桃	2005年2月4日	25	石臼湖螃蟹	2010年12月15日
10	符离集烧鸡	2005年8月25日	26	漫水河百合	2010年12月24日
11	霍山黄芽	2006年4月16日	27	黄岗柳编	2011年7月25日
12	凤丹	2006年4月16日	28	临水酒	2011年7月25日
13	涡阳苔干	2006年9月30日	29	岳西茭白	2011年11月30日
14	霍山石斛	2007年9月3日	30	松萝茶	2012年1月18日
15	迎驾贡酒	2007年9月3日	31	石台富硒茶	2012年12月26日
16	六安瓜片	2007年12月28日	32	塔山石榴	2012年12月27日

注:资料来源——据国家质量监督检验检疫总局网站及安徽省质量技术监督局网站资料整理而得。

三、安徽省名牌农产品及生产企业名单

1.2006年安徽名牌农产品

序号	企业名称	产品名称	注册商标
1	安徽丰原油脂有限公司	玉米油	丰原
2	安徽家乐米业有限公司	籼米	和威
3	安徽省恒丰面粉有限公司	特一粉	迎客松
4	安徽皖王面粉集团有限公司	特一粉	皖王
5	安徽新锦丰企业投资集团有限公司	方便面	味之家
6	萧县银海粉业有限公司	特一粉	钜牛
7	宿州市皖神面制品有限公司	挂面(家常面)	迎客松
8	巢湖市裕丰粮油贸易有限公司	粳米	晶湖
9	含山县褒禅山油厂	芝麻油	褒禅山
10	安徽阜阳宝鼎粮油有限责任公司	盛和香油	盛和
11	安徽家和兴食品有限公司	家家有100方便面	家家有
12	安徽大别山科技开发有限公司	油茶籽油	大别山
13	安徽省联河米业有限公司	喜洋洋籼米	联河
14	淮南佳益米业有限公司	籼米	家声
15	凤台县凤鸣面粉有限责任公司	特一粉	凤源
16	安徽省宏宇粮贸集团有限公司	粳米	晶光
17	凤台县米王粮贸有限责任公司	糯米	银凤
18	安徽到家营养食品有限公司	挂面(营养面)	到家
19	五河县易禾米业有限责任公司	籼米	苏禾
20	安徽良夫面粉集团	特一粉(超精小麦粉)	良夫
21	安徽龙溪外贸麻油制造有限公司	芝麻油	龙溪
22	合肥市金乡味工贸有限责任公司	小磨麻油	汪德荣

续表

序号	企业名称	产品名称	注册商标
23	濉溪县鲁王制粉有限责任公司	特一粉	咏禾
24	肥东县双农粮油贸易有限责任公司	晚籼米	包公
25	蚌埠市兄弟食品厂	水磨糯米粉	雪枣
26	玉龙制面有限责任公司	特一粉挂面	玉龙
27	天长市天鑫粮油贸易有限责任公司	晚籼米	宗玉
28	芜湖双丰粮油有限公司	粳米	双丰
29	凤阳县凤宝粮油食品有限公司	特一粉	凤宝
30	安徽省繁昌县丰润油脂有限公司	芝麻油	溪花
31	明光市波涛粮油贸易有限公司	粳米	女山湖
32	安徽友勇米业有限公司	香粳米	友勇
33	淮北市鲁南面粉有限公司	特一粉	淮鲁
34	安徽鸿汇食品(集团)有限公司	蜂蜜	鸿汇
35	安徽省宣城市华栋家禽育种有限公司	冻鲜鸡	山中鲜
36	安徽华卫禽业育种有限公司	苗鸡	华卫
37	安徽鸿羽羽绒制品有限公司	羽绒被	申濡
38	合肥森森(集团)绿佳畜禽加工有限公司	家禽冷冻产品(白条鸡)	蜀牛
39	安徽省正大源饲料有限公司	肉鸭料配合饲料	正大源
40	安徽曦强相山乳业有限公司	乳酸菌饮料	相山
41	安徽省怀远县金淮河食品有限公司	排酸肥牛产品	神禹
42	蚌埠市卫食园食品有限公司	汤汁腊鸭	卫食园
43	芜湖蜂联有限公司	蜜醋	蜂联
44	青阳县皖南土鸡产业化协会	皖南土鸡	九华
45	阜阳金牌养殖总场	鸡蛋	绿发
46	安徽香泉湖禽业有限公司	盐水鸭	香雪
47	安徽天邦饲料科技有限公司	普通淡水鱼全价配合饲料	天邦

续表

序号	企业名称	产品名称	注册商标
48	怀远县大禹食品科技发展有限公司	烧全鸡	金涂山
49	安徽迎客松体育用品有限公司	羽毛球	迎客松
50	淮南八公山豆制品厂	风味豆腐干	八公山
51	铜陵市金长江食品高新技术有限公司	中华白姜精制蜜汁鲜姜	金长江
52	望江县宏艺农特产品开发有限责任公司	清水水洋参	山水谣
53	无为县蜀山镇农村经济服务中心	荸荠	碗红
54	安徽天都灵芝制品公司	金针菇	天都
55	淮北市南湖开发区高科技农业示范中心	蔬菜	相山
56	淮北市华奥科技有限责任公司	杏鲍菇	华奥
57	安徽省庐江县三叶精制菜有限公司	三叶小菜	三叶
58	安徽和县绿业蔬菜有限公司	甜瓜	和州绿
59	安徽箐箐生态食品开发有限公司	猕猴桃	箐箐
60	宁国市双丰农特产贸易有限公司	糖炒板栗	双丰野栗王
61	合肥金绿食品有限责任公司	雪菜肉丝	代代传
62	安徽省石台县七井山食品有限责任公司	高山辣椒	七井山
63	安徽省临泉县盈昌蔬菜综合加工厂	脱水姜制品	盈昌
64	无为县小老海长江特种水产有限公司	螃蟹	小老海
65	无为县泉塘镇河蟹养殖协会	螃蟹	濡泉
66	安徽和县江鳌特种水产养殖场	中华绒螯蟹	江鳌
67	当涂县贤进渔业发展有限公司	河蟹	贤进
68	望江县武昌湖生态渔业有限公司	野生中华鳖	武昌湖
69	明光市永言特种水产养殖有限公司	中华绒螯蟹	女山湖
70	安徽梅地亚茶业有限责任公司	绿茶	梅地亚
71	安徽省六安市大山茶厂	绿茶	岳王
72	金寨县蒙山茶叶有限责任公司	绿茶	叶里青
73	岳西县神雁有机食品开发有限公司	岳西翠尖	神雁

续表

序号	企业名称	产品名称	注册商标
74	潜山县天柱山茶业开发有限责任公司	天柱剑毫	天柱山
75	安徽省宣郎广茶业总公司	百杯香芽茶	绿魁
76	东至县天鹅茶业有限责任公司	绿茶	天鹅云尖
77	池州市高山茶业有限责任公司	绿茶	谋水
78	安徽省巢湖市坝镇都督名优茶开发有限公司	都督翠茗绿茶	翠都
79	安徽明珍堂养生品有限公司	银杏茶	明珍堂
80	泾县绿源汀溪兰香茶叶有限公司	绿茶	汀溪兰香
81	黄山一品有机茶业有限公司	眉茶	屯绿
82	黄山市祁门县凫峰绿色食品开发公司	有机茶	凫绿
83	黄山中明茶叶实业有限公司	太平猴魁	六百里
84	黄山茶业集团有限公司	茶袋泡茶	云谷牌
85	黄山市歙县立安茶业有限公司	顶谷大方	洪立安
86	安徽茶叶进出口有限公司	眉茶	LUCKY BIRD
87	安徽绩溪龙川丝业有限公司	白厂丝	古龙川
88	安徽省江通纺织有限公司	纯棉纱	江通
89	安徽省天鹅纺织制品(集团)有限公司	工艺绗缝被	咏鹅
90	太和县鹏宇中药材有限公司	脱水桔梗丝	鹏宇
91	安庆乘风制药有限公司	断血流片	司空山
92	池州市贵池区吉亮山野菜开发有限公司	黄精	洁野
93	东至良种棉业有限责任公司	升金棉 10 号棉种	升金
94	石台县山园食品有限公司	速食糖山芋	山园
95	安徽省池州九华野葫芦开发有限责任公司	野葫芦籽	金九华
96	安徽明德竹木工艺制品有限公司	工艺折扇	老王
97	安徽宏宇竹木制品有限公司	竹地板	柯依
98	郎溪县姚翠荣闷酱厂	闷酱	姚翠荣

续表

序号	企业名称	产品名称	注册商标
99	安徽郎溪上野忠食品加工有限公司	艾草	绿川
100	滁州市滁菊研究所	滁菊	金玉
101	金寨县大别山山核桃开发有限公司	葛粉	大别山
102	合肥百年食品有限责任公司	五香花生	阿芮百年
103	安徽海神黄酒集团有限公司	黄酒	海神
104	泾县宫廷竹木工艺品有限公司	天然木梳	宫廷
105	安徽省成果石榴酒酿造有限公司	石榴酒	成果
106	芜湖市傻子瓜子有限总公司	椒盐西瓜子(传统口味产品)	金傻子
107	凤阳县中安粉丝厂	白薯粉丝(山芋)	中安
108	安庆市康力源食品有限公司	野葫芦籽	张晓毛
109	安徽省寿县八公山豆制品有限责任公司	豆腐乳	八公山泉
110	安徽省白老五食品有限公司	西瓜子	白老五
111	安徽枞阳子夜花绿色食品有限责任公司	荞麦南瓜茶	子夜花
112	安徽绿雨农业有限责任公司	杂交水稻种子	绿雨
113	宣城市水东天元枣业制品厂	蜜枣	水东天元
114	安徽省润禾棉业有限责任公司	皖棉25(灵杂1号)	润禾
115	安徽大平工贸(集团)有限公司	一级油茶籽油	大平
116	安徽省含山县益和棉业有限责任公司	压榨菜籽油	益和
117	安徽淮北天宏集团实业有限公司	富强面	天宏
118	安徽淮北天宏集团实业有限公司	特制面条	天宏
119	濉溪县鲁王制粉有限责任公司	挂面	鲁王
120	安徽槐祥工贸集团有限公司	富硒香米	槐祥
121	安徽丰大乳业有限责任公司	酸牛奶(凝固型)	丰大
122	安徽省绩溪五峰园蜂业有限公司	洋槐蜜	五蜂园
123	安徽长风农牧科技有限公司	无公害冷鲜分割肉	春然

续表

序号	企业名称	产品名称	注册商标
124	安徽益益乳业有限公司	芦荟酸奶酪	益益
125	安庆市绿野食品有限公司	红心咸鸭蛋	皖山
126	安庆市绿野食品有限公司	板鸭	皖山
127	和县鸡笼山调味品有限责任公司	牛肉丁辣酱	鸡笼山
128	安徽省古南丰酒业有限公司	高档黄酒	徽州骄子
129	宣城市乐方食品有限公司	奶油西瓜子	乐方
130	宣城市乐方食品有限公司	咸干花生	乐方
131	安徽省宁国市詹氏天然食品有限公司	笋干	詹氏
132	安徽绩溪山里佬绿色食品开发有限公司	净石耳	上山下乡
133	安徽绩溪山里佬绿色食品开发有限公司	山核桃	上山下乡
134	安徽省旌德麻业有限公司	苎麻麻条	天都
135	安徽省旌德麻业有限公司	苎麻精干麻	天都
136	无为县宏达有限责任公司	花生酥	李老奶奶
137	安徽小刘食品股份有限公司	冰爽西瓜子	小刘
138	安徽小刘食品股份有限公司	话梅西瓜子	小刘
139	安徽廷龙食品有限公司	葵花籽	廷龙
140	桐城市乐健食品有限公司	麦芽糖饴	乐健
141	黄山市歙县汪满田茶场	黄山毛峰	汪满田
142	安徽富煌巢湖三珍有限公司	水产食品	三珍
143	安徽省鑫马珠宝有限公司	淡水珍珠工艺品	鑫马
144	安徽惠民实业有限责任公司	无公害鳜鱼	渡江宴
145	铜陵市和平姜业有限责任公司	糖醋姜	和平
146	安徽和县皖江蔬菜副食品批发交易市场	黄瓜	皖江
147	安徽双福粮油工贸集团有限公司	挂面	圣运

注：来源于安徽省农业产业化工作指导委员会

2.2007年安徽名牌农产品

序号	企业名称	产品名称	注册商标
1	安徽省东方面粉厂	特制一等粉	东鼎
2	安徽省雁湖面粉有限公司	挂面	雪雁
3	安徽芜湖东源集团有限公司	标一粳米	云谷贡
4	芜湖天泰面粉有限公司	特制一等粉	鹰
5	天长市铜城米厂	晚籼杂交特制米	钰梭
6	安徽省海神黄酒有限公司	花雕酒	海神
7	安徽永安米业集团有限公司	特等晚籼米	永安
8	安徽省万乐米业公司	标一杂交米	万乐
9	安徽大平工贸(集团)有限公司	一级菜籽油	大平
10	安徽省江坝油脂工业有限公司	一级菜籽油	如意鸟
11	安徽省郎溪县古南丰酒业有限公司	男儿壮酒	男儿壮
12	安徽省海神黄酒有限公司	精制料酒	海神
13	安徽省东方面粉厂	饺子专用粉	东鼎
14	安徽省无为四海实业有限公司	四海面条	争鸣
15	亳州市良夫面粉有限责任公司	特制一等粉	良夫
16	安徽皖北面粉有限公司	特制一等粉	润发
17	滁州市第一优质米厂	标一晚籼米	青谷
18	铜陵市普济圩金迈米业有限责任公司	糯米	金迈
19	合肥金润米业有限公司	标一珍珠晶米	金润
20	肥西县谷丰粮油贸易有限责任公司	标二晚籼米	禾禧
21	濉溪县鲁王制粉有限责任公司	特制一等粉	鲁王
22	安徽淮北天宏集团实业有限公司	五星特一粉	天宏
23	当涂县甜润米业有限公司	金丝软米	甜润
24	凤阳县金凤谷米业饲料有限公司	标一晚籼米	金凤谷
25	安徽象牙米业有限公司	特等晚籼米	象牙

续表

序号	企业名称	产品名称	注册商标
26	和县金城米业有限责任公司	标二晚籼米	九湾
27	安徽省庐江县双福面粉面条有限公司	特一粉	圣运
28	巢湖市富硒香生物食品有限公司	特等香粳米	富硒香
29	安徽槐祥工贸集团有限公司	标一晚粳香米	槐祥
30	安徽庆发金田花粮油食品有限公司	一级菜籽油	金田花
31	含山县益和棉业有限责任公司	一级芝麻油	益和
32	池州市美思佳油脂有限公司	二级菜籽油	美思佳
33	黄山市徽山食用油业有限公司	一级茶籽油	徽山
34	安徽益益乳业有限公司	酸牛奶	益益
35	安徽和威农业开发股份有限公司	鸡配合饲料	和威
36	安徽霞珍集团	羽绒服	霞珍
37	安徽益益乳业有限公司	全脂甜奶粉	益益
38	合肥市正旺畜禽有限责任公司	肥西老母鸡汤	图形商标
39	安徽省皖西羽绒厂	羽绒床上用品	皖西
40	安徽省长友禽业有限公司	红心多油咸鸭蛋	南漪湖
41	安徽霞珍集团	羽绒被	霞珍
42	宿州市符离集中华烧鸡食品有限公司	烧鸡	荣毅
43	安徽省安禽禽业有限公司	鲜鸡蛋	水家湖
44	淮北市顺发良种养殖场	商品猪	顺发
45	淮北市万马鸽业有限公司	烧乳鸽	双堆
46	安徽省临泉山羊集团公司	精制涮羊肉	四海
47	安徽荣达禽业开发有限公司	鲜鸡蛋	凤达
48	安徽华大集团	皖南黄鸡	华大
49	安徽恒盛实业有限责任公司	五香牛肉	恒盛
50	蒙城县东升食品有限公司	猪肉分割肉	东昕
51	安徽天达饲料有限责任公司	951乳猪颗粒饲料	天达

续表

序号	企业名称	产品名称	注册商标
52	宣城市城东蜂业有限公司	紫云英蜂蜜	云锦
53	安徽省绩溪五蜂园蜂业有限公司	蜂蜜	五蜂园
54	安徽省百春制药有限公司	冻干蜂王浆含片	百春
55	安徽省日月农业发展(集团)有限公司	白薯粉丝	日月
56	庐江县金坝芹芽开发有限公司	芹芽	金坝
57	铜陵月亮食品有限责任公司	茶干	月亮
58	安徽省义门苔干有限公司	苔干	义门
59	安徽和县皖江蔬菜副食品批发交易市场	番茄	皖江
60	合肥金绿食品有限责任公司	蚕豆辣酱	代代传
61	青阳县大九华绿色食品有限责任公司	蕨菜	一日三餐
62	阜南县会龙乡蔬菜产业开发公司	会龙辣椒	集辰
63	安徽省绿园食品有限责任公司	泡菜	梅河
64	淮南白蓝企业集团有限公司	泡菜	白蓝
65	和县善厚调味品厂	麻油片椒	鸡笼山
66	铜陵华鹏姜制品有限责任公司	富硒铜陵白姜	铜官乐
67	安徽绩溪山里佬绿色食品开发有限公司	燕笋干	上山下乡
68	马鞍山市采石矶食品有限公司	卤汁豆腐干	采石矶
69	马鞍山市黄池食品(集团)公司	辣酱	金菜地
70	马鞍山市黄池食品(集团)公司	茶干	金菜地
71	淮南市八公山豆制品厂	一级保鲜腐皮	八公山
72	安徽恒裕酿造有限公司	酱菜	恒裕
73	安徽三兄弟薯业有限责任公司	方便红薯粉丝	正文
74	桐城市乐健食品有限公司	红薯粉丝	乐健
75	五河县沱湖华凤旅游开发有限公司	沱湖螃蟹	沱湖
76	安徽省鑫马珠宝有限公司	淡水珍珠项链	鑫马
77	无为县惠民水产开发有限公司	无公害螃蟹	渡江宴

续表

序号	企业名称	产品名称	注册商标
78	安徽富煌巢湖三珍有限公司	冻煮龙虾仁	巢三珍
79	枞阳县白荡湖水产养殖有限责任公司	大闸蟹	白荡湖
80	太湖县花亭湖水产发展有限责任公司	鳙鱼	花亭湖
81	安庆市石塘湖渔业有限责任公司	黄颡鱼	石塘湖
82	望江县武昌湖生态渔业有限公司	清水大闸蟹	武昌湖
83	安徽省宿松县黄湖水产开发公司	大闸蟹	黄湖
84	淮南市窑河渔场	江黄颡苗种	窑河
85	安徽天方茶业(集团)有限公司	九华佛茶	天方
86	安徽省敬亭山茶场	敬亭绿雪茶	敬亭绿雪
87	岳西县神雁有机食品开发有限公司	岳西翠兰茶叶	翠兰
88	安徽国润茶业有限公司	祁门红茶	润思
89	安徽茶叶进出口有限公司	红茶	迎客松
90	黄山区新明猴村茶场	太平猴魁茶	猴坑
91	安徽绩溪今升茶业有限公司	绩溪香芽绿茶	今升
92	黄山市松萝有机茶叶开发有限公司	松萝眉茶	松萝山
93	安徽省祁门茶厂	祁门红茶	祁山
94	淮北市段园镇葡萄协会	葡萄	大庄
95	砀山县梨王果业有限公司	砀山梨	树王
96	安徽省六安市巨农果品科技有限责任公司	蜜桃	中林
97	安徽省砀山果园场	砀山酥梨	翡翠
98	安徽省砀山县园艺场	砀山梨	砀园
99	合肥银山棉麻股份有限公司	棉浆粕	银山
100	固镇县棉麻公司	细绒棉	天源
101	安徽天纺工艺制品有限公司	绗缝被	天馨
102	华瀛草制工艺品股份有限公司	蔺草席	卧福
103	安徽小刘食品股份有限公司	茶瓜子	小刘

续表

序号	企业名称	产品名称	注册商标
104	安徽省芜湖市百善食品有限责任公司	首芝酥	首芝
105	安徽省宁国市詹氏天然食品有限公司	山核桃仁	詹氏
106	宣城市中良枣业有限责任公司	低糖枣脯	水东
107	亳州市皖北饲料有限责任公司	猪通用浓缩饲料	皖北
108	黄山山华集团	黄山徽菇	山华
109	安徽恒裕酿造有限公司	酱油	恒裕
110	寿县板桥草席总厂	蔺草线经席	板桥
111	安徽小刘食品股份有限公司	西瓜子	小刘
112	怀远县纯王种业有限责任公司	杂交稻种	纯王
113	安徽华林人造板有限公司	中密度纤维板	皖华林
114	安徽古南岳农业发展有限公司	野葫芦籽	天柱山
115	安徽省旌德麻业有限公司	苎麻纱	天都
116	黄山市闻林木业有限责任公司	环保型细木工板	闻林
117	安徽华安达工艺品有限公司	柳篮	华安达
118	安徽永国竹业有限公司	竹地板	永国
119	南陵县七星河食品厂	广善酥	广善
120	安徽省南陵县弋江农经有限公司	紫云英种子	弋江籽
121	旌德黄山灵芝基地绿色生态产业有限公司	破壁灵芝孢子粉	云乐
122	宣城市奇瓜王宣木瓜有限公司	宣木瓜干红	奇瓜王
123	无为县席草产业协会	草席	舒梦
124	安庆市绿野食品有限公司	野葫芦籽	皖山
125	宣城市乐方食品有限公司	香瓜子	乐方
126	安徽冠生园食品有限公司	香瓜子	乔国老
127	全椒县棉花原种总场	皖棉 11 号棉种	银禾
128	黄山市歙县雅氏茶菊精制厂	黄山贡菊	雅盛

(来源:安徽省农业产业化工作指导委员会)

参考文献

[1] 胡月英. 市场营销学[M]. 合肥:合肥工业大学出版社,2009.

[2] 郭国庆. 市场营销学通论(第四版)[M]. 北京:中国人民大学出版社,2011.

[3] 刘宏印等. 农产品市场营销[M]. 北京:中国农业科学技术出版社,2011.

[4] 戴遐海. 农产品销售技巧[M]. 南京:江苏科学技术出版社,2010.

[5] 林素娟. 农产品营销新思维[M]. 大连:东北财经大学出版社,2011.

[6] 农业部农民科技教育培训中心. 农产品市场营销[M]. 北京:中国农业大学出版社,2008.

[7] 陶益清. 农产品市场营销知识[M]. 北京:中国农业出版社,2007.

[8] 安玉发. 农产品市场营销理论与实践[M]. 北京:中国轻工业出版社,2005.